面向应用型高等院校"十二五"规划教材

结构力学（下）练习与测试

◎主　审　范钦珊
◎主　编　宋林辉　张丽华
　　　　　赵　桐　蔡　晶

南京大学出版社

图书在版编目(CIP)数据

结构力学(下)练习与测试 / 宋林辉等主编. —南

京:南京大学出版社,2012.8(2023.8重印)

面向应用型高等院校"十二五"规划教材

ISBN 978 - 7 - 305 - 10463 - 3

Ⅰ. ①结… Ⅱ. ①宋… Ⅲ. ①结构力学—高等学校—

习题集 Ⅳ. ①O342 - 44

中国版本图书馆 CIP 数据核字 (2012) 第 200827 号

出版发行　南京大学出版社
社　　　址　南京市汉口路 22 号　　　邮　编 210093
出 版 人　王文军

丛 书 名　**面向应用型高等院校"十二五"规划教材**
书　　　名　**结构力学(下)练习与测试**
主　　编　宋林辉　张丽华　赵桐　蔡晶
责任编辑　胥橙庭　单 宁　编辑热线　025 - 83686531

照　　排　南京开卷文化传媒有限公司
印　　刷　广东虎彩云印刷有限公司
开　　本　787×1 092　1/16　印张 8.75　字数 202 千
版　　次　2012 年 8 月第 1 版　　2023 年 8 月第 6 次印刷
ISBN　978 - 7 - 305 - 10463 - 3
定　　价　25.00 元

网　　　址:http://www.njupco.com
官方微博:http://weibo.com/njupco
微信服务号:njuyuexue
销售咨询:(025)83594756

前　言

　　结构力学是力学系列课程中的一门重要课程,也是土木、交通、地下、水利水工等专业重要的专业基础课。在课程体系上,既是理论力学、材料力学课程的深化和延伸,又是后续专业课程如钢筋混凝土结构、钢结构、地基基础和抗震设计等课程的基础,介于基础课和专业课之间,起着承上启下的作用,在整个专业培养计划中占有重要地位。另外还是报考结构工程专业研究生及注册结构工程师资格考试的主要课程。因此,学习和掌握好结构力学的基本概念、基本原理和基本计算、分析方法,对学习后续专业课程以及解决工程实际问题都十分重要。

　　结构力学是固体力学的一个分支,它主要研究工程结构受力和传力的规律以及如何进行结构优化。结构力学研究的内容包括结构的组成规则,结构在各种效应(外力、温度效应、施工误差及支座变形等)作用下的响应,包括内力(轴力、剪力、弯矩、扭矩)的计算、位移(线位移、角位移)的计算以及结构在动力荷载作用下的动力响应(自振周期、振型)的计算等。总体而言,结构力学是一门教学内容多、理论性强、技巧性高的课程。

　　根据教学情况来看,学生普遍觉得学习难度大;加之近年来高等学校规模的不断扩大,招生人数大幅度增加,使得学生的整体素质有所下降,并普遍存在基础好、能力强的学生"吃不饱",基础差、能力弱的学生抄作业、厌学掉队的情况,最终导致学习成绩两极分化严重的现象。如何在同一个班级中实现不同学生的层次化教学,满足各层次学生的学习所需是目前课堂教学亟待解决的问题。

　　本书结合目前正在实施的"卓越工程师计划",紧贴课堂,在提炼结构力学各章知识体系的基础上,推出层次化的练习题和测试题。其中的习题分为预练题、基础题和提高题三大类。预练题是让学生评估自己的课前预习水平的,在预习后、上课前的时间段完成;基础题是围绕各章理论知识的基本概念、基本方法设置的,供学生课后进行练习,巩固课堂知识;提高题则是针对喜欢思考、乐于探究的学生设置的习题,有一定的难度和深度。从题型上,练习题又细分为概念判断、简单计算填空和计算题三大类,以便学生全方位、多形式地掌握各章知识。另外,测试题是将各章的基本题型统一为考试试卷的形式,以便学生在学习完本册内容后,可以在固定时间内(120分钟)对自己的学习水平进行测试。

全书共分三个部分,第一部分的各章学习指导由赵桐编写,第二部分的练习题和第三部分的测试模拟题由张丽华(概念判断和填空)、宋林辉和蔡晶(计算题)编写,全书由范钦珊教授主审,并提出了很多宝贵意见。本书可作为高等院校土木工程专业的课堂学习辅导教材,尤其适合作为工科类大学的课后练习册。

本书广泛吸收了优秀的《结构力学》教材和教学辅导书的精华,引用了部分观点、例题和习题,在此谨向文献的作者致以由衷的谢意,同时也对关心该书出版的同行专家和广大读者表示感谢。

由于作者的水平有限,书中可能存在不妥和疏漏,恳请读者批评指正。

编　者

2012 年 7 月

目　　录

第一部分

各章学习指导

教学大纲

《结构力学》是土木工程专业的一门主要的专业基础课,具有较强的理论性及应用性。按照教育部 2008 年审定的《结构力学课程教学基本要求(A 类)》,结合国家正在实施的"卓越工程师"培养要求,特制定本教学大纲。

一、教学目的

本课程的教学目的是使学生在理论力学、材料力学、结构力学(上)的基础上,进一步掌握分析杆件结构体系在动荷载作用下的强度和刚度问题、稳定性和极限荷载的基本原理和方法,加强对学生分析能力、计算能力和自学能力的培养,为他们后续专业课程的学习以及结构设计和科研工作的开展打下必要的力学基础。

二、教学内容和要求

1. 结构矩阵分析:掌握矩阵位移法的原理和杆件结构在荷载作用下的计算。了解平面杆系结构阵位移法计算程序的原理、结构和数据输入、输出的内容,通过上机实习掌握其应用。

2. 结构的动力计算:掌握动力分析的基本方法,掌握单自由度和两个自由度体系的自由振动以及在简谐荷载作用下受迫振动的计算方法,了解阻尼的作用。

3. 结构的极限荷载:理解极限弯矩、极限荷载的概念和比例加载时判定极限荷载的一般定理,会计算超静定梁的极限荷载。

4. 结构的稳定计算:理解结构失稳的两种基本形式,掌握静力法和能量法计算临界荷载的基本原理,会计算简单杆件结构的临界荷载。

三、教学课时安排

章节	讲课	习题课	上机课
矩阵位移法	8	2	6
结构的动力计算	16	2	
结构的稳定计算	6	1	
结构的极限荷载	6	1	

四、考核方式

总评成绩＝平时成绩(30％)＋期末考试成绩(70％)。

第9章 矩阵位移法

一、教学目标

1. 熟练掌握两种坐标系中的单元刚度矩阵,结构的整体刚度矩阵,等效结点荷载的形成,已知结点位移求单元杆端力的计算方法,整体刚度矩阵和结构结点荷载的集成过程。

2. 理解单元刚度矩阵和整体刚度矩阵中的元素的物理意义。

3. 了解不计轴向变形时矩形刚架的整体分析。

二、内容概要

1. 矩阵位移法的基本思路

先将结构离散成有限个单元,然后再将这些单元按一定条件集合成整体。这样,就使一个复杂结构的计算问题转化为有限个简单单元的分析与集成问题。矩阵位移法以传统的结构力学作为理论基础,以矩阵作为数学表达形式,以电子计算机作为计算手段,是三位一体的分析方法。

2. 矩阵位移法与传统位移法

相同之处:以结构的结点位移为基本未知量。

差异:一般计入所有杆件的轴向变形;全部杆件归入一类基本构件——两端固定杆件(进一步规格化,便于计算机程序的编制)。

3. 矩阵位移法的三个基本环节

(1) 单元划分:一根等截面直杆作为一个单元,单元间由结点相连。

(2) 单元分析:建立单元刚度方程,形成单元刚度矩阵(物理关系)。

(3) 整体分析:由单元刚度矩阵形成整体刚度矩阵,建立结构的位移法基本方程(几何关系、平衡条件)。

4. 单元刚度矩阵(局部坐标系)

单元刚度矩阵是用来表示杆端力与杆端位移之间的物理关系的,不是新东西,但有几点新考虑:重新规定正负规则,以矩阵的形式表示,讨论杆件单元的一般情况。

5. 杆端局部编码与局部坐标系

局部坐标系中的杆端位移分量与杆端力分量:

$$\overline{\boldsymbol{\Delta}}^e = \begin{bmatrix} \overline{\Delta}_{(1)} \\ \overline{\Delta}_{(2)} \\ \overline{\Delta}_{(3)} \\ \overline{\Delta}_{(4)} \\ \overline{\Delta}_{(5)} \\ \overline{\Delta}_{(6)} \end{bmatrix}^e = \begin{bmatrix} \overline{u}_1 \\ \overline{v}_1 \\ \overline{\theta}_1 \\ \overline{u}_2 \\ \overline{v}_2 \\ \overline{\theta}_2 \end{bmatrix}^e \qquad \overline{\boldsymbol{F}}^e = \begin{bmatrix} \overline{F}_{x1} \\ \overline{F}_{y1} \\ \overline{M}_1 \\ \overline{F}_{x2} \\ \overline{F}_{y2} \\ \overline{M}_2 \end{bmatrix}$$

6. 单元刚度方程

单元杆端位移与杆端力之间的关系式,即单元的刚度方程:

$$\begin{bmatrix} \overline{F}_{x1} \\ \overline{F}_{y1} \\ \overline{M}_1 \\ \overline{F}_{x2} \\ \overline{F}_{y2} \\ \overline{M}_2 \end{bmatrix}^e = \begin{bmatrix} \dfrac{EA}{l} & 0 & 0 & -\dfrac{EA}{l} & 0 & 0 \\[2mm] 0 & \dfrac{12EI}{l^3} & \dfrac{6EI}{l^2} & 0 & -\dfrac{12EI}{l^3} & \dfrac{6EI}{l^2} \\[2mm] 0 & \dfrac{6EI}{l^2} & \dfrac{4EI}{l} & 0 & -\dfrac{6EI}{l^2} & \dfrac{2EI}{l} \\[2mm] -\dfrac{EA}{l} & 0 & 0 & \dfrac{EA}{l} & 0 & 0 \\[2mm] 0 & -\dfrac{12EI}{l^3} & -\dfrac{6EI}{l^2} & 0 & \dfrac{12EI}{l^3} & -\dfrac{6EI}{l^2} \\[2mm] 0 & \dfrac{6EI}{l^2} & \dfrac{2EI}{l} & 0 & -\dfrac{6EI}{l^2} & \dfrac{4EI}{l} \end{bmatrix}^e \begin{bmatrix} \overline{u}_1 \\ \overline{v}_1 \\ \overline{\theta}_1 \\ \overline{u}_2 \\ \overline{v}_2 \\ \overline{\theta}_2 \end{bmatrix}^e$$

即 $$\overline{\boldsymbol{F}}^e = \overline{\boldsymbol{k}}^e \, \overline{\boldsymbol{\Delta}}^e$$

7. 单元刚度矩阵的性质

(1) 单元刚度矩阵是杆端力用杆端位移来表达的联系矩阵;

(2) 其中每个元素称为单元刚度系数,表示由于单元杆端位移引起的杆端力;

(3) 单元刚度矩阵是对称矩阵;

(4) 第 k 列元素分别表示当第 k 个杆端位移为 1 时引起的六个杆端力分量;

(5) 一般单元的单元刚度矩阵是奇异矩阵,不存在逆矩阵,因此可通过单元刚度方程由杆端位移唯一确定杆端力。

8. 特殊单元

特殊单元的某个或某些杆端位移值已知为零,如梁单元、轴力单元。

特殊单元的单元刚度矩阵可由一般单元的单元刚度矩阵删除与零杆端位移对应的行和列得到。梁单元刚度矩阵可由一般单元刚度矩阵划掉第 1、4 行和第 1、4 列得到;轴力单元刚度矩阵可由一般单元刚度矩阵划掉第 2、3、5、6 行和第 2、3、5、6 列得到;某些特殊单元的刚度矩阵是可逆的。

9. 整体坐标系与局部坐标系

(1)两种坐标系建立的必要性:连续梁不必进行坐标变换,桁架、刚架必须进行坐标变换。

(2)整体坐标系:各个单元共同参考的坐标系(结构坐标系)。

(3)局部坐标系:专属某一个单元的坐标系(单元坐标系)。

10. 单元刚度矩阵(整体坐标系)

选整体坐标系是为了按一个统一的坐标系来建立各单元的刚度矩阵,以便进行整体分析。由于结构中各杆方向不尽相同,桁架、刚架必须进行坐标变换。

单元坐标转换矩阵:

$$
T = \begin{bmatrix}
\cos\alpha & \sin\alpha & 0 & 0 & 0 & 0 \\
-\sin\alpha & \cos\alpha & 0 & 0 & 0 & 0 \\
0 & 0 & 1 & 0 & 0 & 0 \\
0 & 0 & 0 & \cos\alpha & \sin\alpha & 0 \\
0 & 0 & 0 & -\sin\alpha & \cos\alpha & 0 \\
0 & 0 & 0 & 0 & 0 & 1
\end{bmatrix}^e
$$

单元坐标转换矩阵 T 是一正交矩阵:$T^{-1} = T^{\mathrm{T}}$。

两种坐标系下的杆端力、杆端位移的关系:

(1) $\overline{F}^e = TF^e$;$\overline{\Delta}^e = T\Delta^e$;

(2) $F^e = T^{\mathrm{T}}\overline{F}^e$,$\Delta^e = T^{\mathrm{T}}\overline{\Delta}^e$。

整体坐标系中的单元刚度矩阵:$k^e = T^{\mathrm{T}}\overline{k}^e T$。

11. 单元定位向量

首先要注意同一个结点位移在整体中和在各单元中两种编码的不同。在单元分析中按单元两端结点位移单独编码,称为局部码。在整体分析中结点位移分量的统一编码称为总码。结构总码的顺序就是结构位移和结点力的顺序。

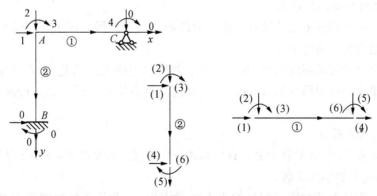

结点位移列阵:$\Delta = (\Delta_1 \quad \Delta_2 \quad \Delta_3 \quad \Delta_4)^{\mathrm{T}} = (u_A \quad v_A \quad \theta_A \quad \theta_C)^{\mathrm{T}}$;

结点力列阵：$\boldsymbol{F} = (F_1 \quad F_2 \quad F_3 \quad F_4)^{\mathrm{T}}$；

单元定位向量：$\boldsymbol{\lambda}^{①} = (1 \quad 2 \quad 3 \quad 0 \quad 0 \quad 4)^{\mathrm{T}}$，$\boldsymbol{\lambda}^{②} = (1 \quad 2 \quad 3 \quad 0 \quad 0 \quad 0)^{\mathrm{T}}$。

单元结点位移总码按局部码顺序排列而成的向量称为单元定位向量，它是由单元的结点位移总码组成的向量。

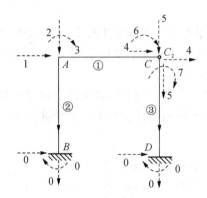

铰结点的处理：总码中铰结点处的两杆端结点应看做半独立的两个结点，即它们的线位移相同，角位移不同，线位移采用同码，角位移采用异码。

12. 刚架忽略轴向变形时的情况

结点位移分量的统一编码——总码，如图所示。

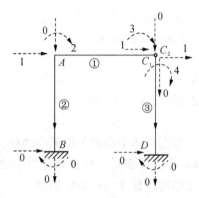

13. 整体刚度矩阵的建立

直接刚度法是根据单元的结点位移分量的局部码和总码之间的对应关系，由单元刚度矩阵集成结构整体刚度矩阵。

在单刚中元素按局部码排列，在总刚中元素按总码排列。因此，由单刚集成总刚时，将各单元的单刚的行列局部码(i)、(j)换成对应的结点位移总码λi、λj，按此行列总码将单刚元素代入总刚。

14. 等效结点荷载

整体刚度方程$\boldsymbol{F} = \boldsymbol{K} \boldsymbol{\Delta}$表示由结点位移$\boldsymbol{\Delta} \to \boldsymbol{F}$结点力的关系式，反映了结构的刚度性质，不涉及结构上的实际荷载。

等效结点荷载为基本体系附加约束中的约束力，且等于各单元固端力之和的负值。故应该先求出单元的等效结点荷载，再集成结构等效结点荷载。

依次将各单元的等效结点荷载中的元素按单元定位向量在结构的等效结点荷载 P 中进行定位并累加,就得到结构的等效结点荷载 P。

15. 矩阵位移法分析计算步骤

(1) 整理原始数据,进行局部编码和整体编码;

(2) 形成局部坐标系中的单元刚度矩阵;

(3) 形成整体坐标系中的单元刚度矩阵;

(4) 用单元集成法形成整体刚度矩阵 K;

(5) 形成整体结构的等效结点荷载 P;

(6) 解方程 $K\Delta = P$,求出结点位移 Δ;

(7) 求各杆杆端力。

$$\overline{F}^e = k^e \, \overline{\Delta}^e + \overline{F}^e_P$$

16. 桁架的整体分析

单元的刚度方程(局部坐标):

$$\begin{bmatrix} F_{x1} \\ F_{y1} \\ F_{x2} \\ F_{y2} \end{bmatrix}^e = \frac{EA}{l} \begin{bmatrix} 1 & 0 & -1 & 0 \\ 0 & 0 & 0 & 0 \\ -1 & 0 & 1 & 0 \\ 0 & 0 & 0 & 0 \end{bmatrix} \begin{bmatrix} \overline{u}_1 \\ \overline{v}_1 \\ \overline{u}_2 \\ \overline{v}_2 \end{bmatrix}^e$$

坐标转换矩阵:

$$T = \begin{bmatrix} \cos\alpha & \sin\alpha & 0 & 0 \\ -\sin\alpha & \cos\theta & 0 & 0 \\ 0 & 0 & \cos\alpha & \sin\alpha \\ 0 & 0 & -\sin\alpha & \cos\alpha \end{bmatrix}$$

单元的刚度方程(整体坐标):$k^e = T^T \overline{k} T$。

注意:① 桁架单元的结点转角不是基本未知量;② 荷载为结点集中力无需求等效结点荷载;③ 杆端力全由结点位移产生。

17. 组合结构的整体分析

计算组合结构时注意:

(1) 区分梁式杆和桁杆。对梁式杆采用一般单元的刚度方程及相应的计算公式;对桁杆采用桁架单元的刚度方程及相应的计算公式。

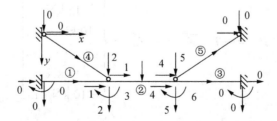

（2）梁式杆杆端有三个位移分量,桁杆杆端有两个位移分量。组合结点各杆端线位移编同码。

三、典型例题及解题标准步骤

L‑9.1 试求图示连续梁的整体刚度矩阵 $\boldsymbol{K}$。

解 （1）编码

凡给定为零的结点位移分量,其总码均编为零。

（2）单元定位向量

$$\boldsymbol{\lambda}^{①} = \begin{bmatrix} 1 \\ 2 \end{bmatrix} \qquad \boldsymbol{\lambda}^{②} = \begin{bmatrix} 2 \\ 3 \end{bmatrix} \qquad \boldsymbol{\lambda}^{③} = \begin{bmatrix} 3 \\ 0 \end{bmatrix}$$

（3）求单刚

$$\boldsymbol{k}^{①} = \begin{bmatrix} 4i_1 & 2i_1 \\ 2i_1 & 4i_1 \end{bmatrix} \begin{matrix} 1 \\ 2 \end{matrix} \qquad \boldsymbol{k}^{②} = \begin{bmatrix} 4i_2 & 2i_2 \\ 2i_2 & 4i_2 \end{bmatrix} \begin{matrix} 2 \\ 3 \end{matrix} \qquad \boldsymbol{k}^{③} = \begin{bmatrix} 4i_3 & 2i_3 \\ 2i_3 & 4i_3 \end{bmatrix} \begin{matrix} 3 \\ 0 \end{matrix}$$

（4）求总刚

$$[\boldsymbol{K}] = \begin{bmatrix} 4i_1 & 2i_1 & 0 \\ 2i_1 & 4i_1+4i_2 & 2i_2 \\ 0 & 2i_2 & 4i_2+4i_3 \end{bmatrix} \begin{matrix} 1 \\ 2 \\ 3 \end{matrix}$$

L‑9.2 试求图示结构的等效结点荷载 $\boldsymbol{P}$。

解 （1）求单元固端力

单元①：

$$\overline{\boldsymbol{F}}_{\mathrm{P}}^{①} = (0 \quad -12 \quad -10 \quad 0 \quad -12 \quad 10)^{\mathrm{T}}$$

单元②：

$$\overline{\boldsymbol{F}}_{\mathrm{P}}^{②} = (0 \quad 4 \quad 5 \quad 0 \quad 4 \quad -5)^{\mathrm{T}}$$

（2）求各单元在整体坐标系中的等效结点荷载

单元①的倾角 $\alpha_1 = 0$：

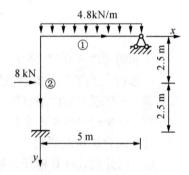

$$\boldsymbol{P}^{②} = -\boldsymbol{T}^{②\mathrm{T}}\overline{\boldsymbol{F}}_{\mathrm{P}}^{②} = -\overline{\boldsymbol{F}}_{\mathrm{P}}^{①} = \left\{ \begin{array}{c} 0 \\ 12\ \mathrm{kN} \\ 10\ \mathrm{kN \cdot m} \\ 0 \\ 12\ \mathrm{kN} \\ -10\ \mathrm{kN \cdot m} \end{array} \right\}$$

单元②的倾角 $\alpha_2 = 90°$：

$$\boldsymbol{P}^② = -\boldsymbol{T}^{②\mathrm{T}}\overline{\boldsymbol{F}}_{\mathrm{P}}^② = -\begin{bmatrix} 0 & -1 & 0 & & & \\ 1 & 0 & 0 & & 0 & \\ 0 & 0 & 1 & & & \\ & & & 0 & -1 & 0 \\ & 0 & & 1 & 0 & 0 \\ & & & 0 & 0 & 1 \end{bmatrix}\begin{Bmatrix} 0 \\ 4 \\ 5 \\ 0 \\ 4 \\ -5 \end{Bmatrix} = \begin{Bmatrix} 4\ \mathrm{kN} \\ 0 \\ -5\ \mathrm{kN \cdot m} \\ 4\ \mathrm{kN} \\ 0 \\ 5\ \mathrm{kN \cdot m} \end{Bmatrix}$$

（3）求刚架的等效结点荷载 $\boldsymbol{P}$

$$\boldsymbol{\lambda}^① = (1\quad 2\quad 3\quad 0\quad 0\quad 4)^{\mathrm{T}} \qquad \boldsymbol{\lambda}^② = (1\quad 2\quad 3\quad 0\quad 0\quad 0)^{\mathrm{T}}$$

$$\boldsymbol{P} = \begin{Bmatrix} [0+4]\ \mathrm{kN} \\ [12+0]\ \mathrm{kN} \\ [10+(-5)]\ \mathrm{kN \cdot m} \\ -10\ \mathrm{kN \cdot m} \end{Bmatrix} = \begin{Bmatrix} 4\ \mathrm{kN} \\ 12\ \mathrm{kN} \\ 5\ \mathrm{kN \cdot m} \\ -10\ \mathrm{kN \cdot m} \end{Bmatrix}$$

第 10 章　结构的动力计算

一、教学目标

1. 熟练掌握单自由度体系的自由振动和简谐荷载作用下的强迫振动、两个自由度体系的自由振动及主振型的正交性。

2. 掌握计算频率的近似法、阻尼对振动的影响。

3. 了解一般荷载作用下结构的动力反应(杜哈梅积分)、无限自由度体系的自由振动。

二、内容概要

1. 静荷载与动荷载

静荷载是其大小、方向和作用位置不随时间变化的荷载,或者变化很慢的荷载。

动荷载是其大小、方向和作用位置随时间快速变化的荷载。这类荷载对结构产生的惯性力不能忽略,动荷载将使结构产生相当大的加速度,由它引起的内力和变形都是时间的函数。

2. 动力计算的内容

(1) 确定动力荷载;

(2) 确定结构的动力特性(结构的自振频率、周期、振型等),类似静力学中的 I、S 等;

(3) 计算动位移、动内力。

3. 动力计算与静力计算的区别

两者都是建立平衡方程。但动力计算,利用动静法,建立的是形式上的平衡方程,力系中包含了惯性力,方程是微分方程。

4. 动荷载分类

按其变化规律及其作用特点可分为:

(1) 周期荷载,随时间做周期性变化(如转动电机的偏心力);

(2) 冲击荷载,短时内剧增或剧减(如爆炸荷载);

(3) 随机荷载,荷载在将来任一时刻的数值无法事先确定(如地震荷载、风荷载)。

5. 动力计算中体系的自由度

确定运动过程中任意时刻全部质量的位置所需独立几何参数的个数,称为体系的振动自由度。

（1）单自由度体系：

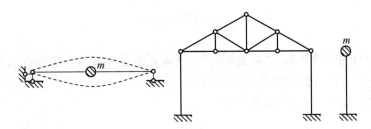

（2）2个自由度体系：

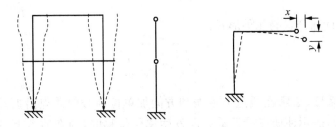

（3）多自由度体系：

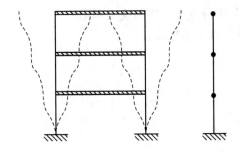

6. 单自由度体系的自由振动

（1）自由振动。

振动过程中没有干扰力作用，振动是由初始位移或初始速度或两者共同影响下引起的。

（2）自由振动微分方程的建立（依据达朗伯原理）。

刚度法：从质点受力平衡的角度建立自由振动微分方程。

柔度法：从体系的位移协调角度建立自由振动微分方程。

7. 结构的自振周期和自振频率

（1）自振周期：振动一次需要的时间。

$$T = \frac{2\pi}{\omega}$$

（2）工程频率：每秒钟内的振动次数。

$$f = \frac{1}{T} = \frac{\omega}{2\pi}$$

（3）圆频率：2π 秒内的振动次数。

$$\omega = \frac{2\pi}{T} = 2\pi f$$

自由振动时的圆频率称为"自振频率"。自振频率是体系本身的固有属性，与体系的刚度、质量有关，与激发振动的外部因素无关。

（4）自振周期计算公式的几种形式：

$$T = 2\pi \sqrt{\frac{m}{k}} = 2\pi \sqrt{m\delta}$$

（5）圆频率计算公式的几种形式：

$$\omega = \sqrt{\frac{k}{m}} = \sqrt{\frac{1}{m\delta}}$$

式中：δ 为柔度系数，表示在质点上沿振动方向加单位荷载使质点沿振动方向发生的位移；k 为刚度系数，表示使质点沿振动方向发生单位位移时，须在质点上沿振动方向施加的力。

8. 单自由度体系在简谐荷载作用下的受迫振动

受迫振动：结构在动荷载下的振动。

动力系数 β：

$$\beta = \frac{y_{d\,max}}{y_{st}} = \frac{1}{1 - \theta^2/\omega^2}$$

最大动位移（振幅）：

$$y_{d\,max} = \beta \cdot y_{st}$$

当 $\theta/\omega \to 1$ 时，$\beta \to \infty$。当荷载频率接近于自振频率时，振幅会无限增大，称为"共振"。通常把 $0.75 < \theta/\omega < 1.25$ 称为共振区。

动内力幅值的计算方法：

单自由度体系当动荷载与质点惯性力共线时，各截面的内力和位移都按同一比例变化，可采用统一的动力系数。先求动荷载幅值引起的静位移、静内力及动力系数 β，将静位移、静内力乘以 β 即得动位移和动内力的幅值（比例算法）。

对于动荷载与质点惯性力不共线的单自由度体系以及多自由度体系，均不能采用比例算法。

9. 单自由度体系在任意一般荷载作用下的受迫振动

初始静止状态的单自由度体系在任意荷载作用下的位移公式（Duhamel 积分）：

$$y(t) = \frac{1}{m\omega} \int_0^t F_P(\tau) \sin[\omega(t-\tau)] d\tau$$

初始位移 y_0 和初始速度 v_0 不为零时在任意荷载作用下的位移公式：

$$y(t) = y_0 \cos \omega t + \frac{v_0}{\omega} \sin \omega t + \frac{1}{m\omega} \int_0^t F_P(\tau) \sin[\omega(t - \tau)]\mathrm{d}\tau$$

10. 阻尼对振动的影响

振动过程中引起能量损耗的因素称为阻尼。

黏滞阻尼力：与质点速度反向，大小与质点速度成正比。

$$R(t) = -c\dot{y}$$

式中 c 为阻尼系数。

阻尼比 ξ：

$$\xi = \frac{c}{2m\omega}$$

阻尼比的确定：设 y_k 和 y_{k+n} 是相隔 n 个周期的两个振幅，则

$$\xi = \frac{1}{2\pi n} \ln \frac{y_k}{y_{k+n}}$$

根据实测两个相邻振幅来计算阻尼比，进而求阻尼系数。

(1) $\xi < 1$（低阻尼）情况：振幅随时间而逐渐衰减，ξ 值越大，衰减越快。

(2) $\xi = 1$（临界阻尼）情况：由振动过渡到非振动的临界状态，即振与不振的分界点。

(3) $\xi > 1$（强阻尼）情况：体系不出现振动现象（实际问题中很少遇到，不讨论）。

11. 两个自由度体系的自由振动

两个自由度体系是最简单的多自由度体系，但能清楚地反映多自由度体系动力特征的计算特点。

建立多自由度体系运动方程的方法有刚度法和柔度法。刚度法是由质点力的平衡方程建立自由振动微分方程；柔度法是根据质点的位移协调方程建立自由振动微分方程。

两个自由度体系自由振动的特点：

(1) 两质点具有相同的频率和相同的相位角。

(2) 两质点的位移随时间变化，但两者的比值始终保持不变，即 $y_1(t)/y_2(t) =$ 常数，这种结构位移形状保持不变的振动形式称为主振型或振型。

两个自由度体系有两个自振频率。

刚度法频率方程：

$$D = \begin{vmatrix} k_{11} - \omega^2 m_1 & k_{12} \\ k_{21} & k_{22} - \omega^2 m_2 \end{vmatrix} = 0$$

展开，解得 ω_1 和 ω_2。与 ω_1 相应的振型为第一振型，与 ω_2 相应的振型为第二振型。

刚度法主振型（振型）：

$$\frac{Y_{11}}{Y_{21}} = -\frac{k_{12}}{k_{11} - \omega_1^2 m_1}$$

$$\frac{Y_{12}}{Y_{22}} = -\frac{k_{12}}{k_{11} - \omega_2^2 m_1}$$

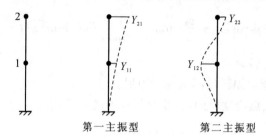

第一主振型　　　　第二主振型

柔度法频率方程：

$$D = \begin{vmatrix} \delta_{11}m_1 - \dfrac{1}{\omega^2} & \delta_{12}m_2 \\ \delta_{21}m_1 & \delta_{22}m_2 - \dfrac{1}{\omega^2} \end{vmatrix} = 0$$

柔度法主振型（振型）：

$$\frac{Y_{11}}{Y_{21}} = -\frac{\delta_{12}m_2}{\delta_{11}m_1 - \dfrac{1}{\omega_1^2}}$$

$$\frac{Y_{12}}{Y_{22}} = -\frac{\delta_{12}m_2}{\delta_{11}m_1 - \dfrac{1}{\omega_2^2}}$$

几点注意：

（1）自振频率个数＝自由度数。

（2）每个自振频率对应一个主振型，主振型是多自由度体系能够按单自由度体系振动所具有的特定形式。

（3）自振频率和主振型是体系本身的固有特性，只与体系本身的刚度系数及其质量分布情形有关。

三、典型例题及解题标准步骤

L‑10.1 已知梁抗弯刚度为 EI，忽略梁自重。试求自振周期和频率。

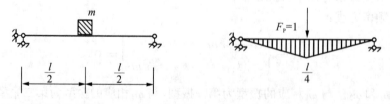

解　（1）计算柔度系数

$$\delta = \frac{1}{EI}\left[\frac{1}{2}\times\frac{l}{2}\times\frac{l}{4}\times\frac{2}{3}\times\frac{l}{4}\times2\right] = \frac{l^3}{48EI}$$

（2）计算自振周期和频率

$$T = 2\pi\sqrt{\frac{m}{k}} = 2\pi\sqrt{m\delta} = 2\pi\sqrt{\frac{ml^3}{48EI}} = \frac{\pi}{2}\sqrt{\frac{ml^3}{3EI}}$$

$$\omega = \sqrt{\frac{1}{m\delta}} = 4\sqrt{\frac{3EI}{ml^3}}$$

L - 10.2 试求图示刚架的自振频率(不计柱的质量)。

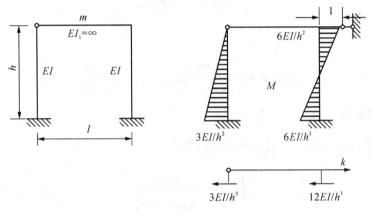

解 (1)计算刚度系数 k

如果让振动体系沿振动方向发生单位位移时,所有刚节点都不能发生转动(横梁刚度为∞),计算刚度系数较方便。

$$k = \frac{3EI}{h^3} + \frac{12EI}{h^3} = \frac{15EI}{h^3}$$

(2)计算频率

$$\omega = \sqrt{\frac{k}{m}} = \sqrt{\frac{15EI}{mh^3}}$$

L - 10.3 已知梁的 EI,试求图示梁的自振频率和主振型。

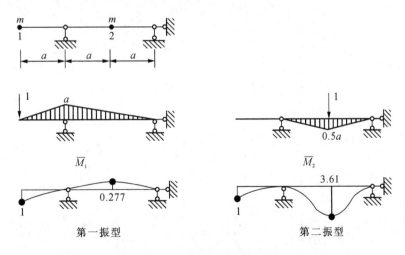

解 （1）计算频率

将 $\delta_{11} = \dfrac{a^3}{EI}$，$\delta_{12} = \delta_{21} = -\dfrac{a^3}{4EI}$，$\delta_{22} = \dfrac{a^2}{6EI}$ 代入

$$D = \begin{vmatrix} \delta_{11} m_1 - \dfrac{1}{\omega^2} & \delta_{12} m_2 \\ \\ \delta_{21} m_1 & \delta_{22} m_2 - \dfrac{1}{\omega^2} \end{vmatrix} = 0$$

解得

$$\omega_1 = 0.967 \sqrt{\frac{EI}{ma^3}}, \omega_2 = 3.203 \sqrt{\frac{EI}{ma^3}}$$

（2）计算振型

将 $\delta_{11} = \dfrac{a^3}{EI}$，$\delta_{12} = \delta_{21} = -\dfrac{a^3}{4EI}$，$\delta_{22} = \dfrac{a^3}{6EI}$ 代入

$$\frac{Y_{11}}{Y_{21}} = -\frac{\delta_{12} m_2}{\delta_{11} m_1 - \dfrac{1}{\omega_1^2}}$$

$$\frac{Y_{12}}{Y_{22}} = -\frac{\delta_{12} m_2}{\delta_{11} m_1 - \dfrac{1}{\omega_2^2}}$$

解得

$$\frac{Y_{11}}{Y_{21}} = -\frac{1}{0.277}, \frac{Y_{12}}{Y_{22}} = \frac{1}{3.61}$$

第 11 章 结构的稳定计算

一、教学目标

掌握静力法和能量法计算临界荷载的基本原理,会计算简单杆件结构的临界荷载;理解结构失稳的两种基本形式。

二、内容概要

1. 结构平衡的三种形式

稳定平衡状态:结构原来处于某个平衡状态,由于受到轻微干扰而偏离其原来位置,当干扰消失后,结构能够回到原来位置。

不稳定平衡状态:结构原来处于某个平衡状态,由于受到轻微干扰而偏离其原来位置,当干扰消失后,结构不能够回到原来位置。

临界平衡状态:结构由稳定平衡到不稳定平衡过渡的中间状态。

2. 失稳

随着荷载的逐渐增大,结构的原始平衡状态可能由稳定平衡状态转变为不稳定平衡状态,这时原始平衡状态丧失其稳定性简称为失稳。基本形式有两种:分支点失稳和极值点失稳。

工程中由于结构失稳而导致的事故时有发生,如加拿大魁北克大桥、美国华盛顿剧院的倒塌事故,1983 年北京某科研楼兴建中的脚手架的整体失稳等,都是工程结构失稳的典型例子。

3. 压杆的完善体系(理想体系)和非完善体系

压杆的完善体系:杆件轴线是理想的直线(没有初曲率),荷载是理想的中心受压荷载(没有偏心)。

压杆的非完善体系:具有初曲率或承受偏心荷载的压杆。

4. 结构失稳的两种基本形式

分支点失稳:存在不同平衡路径的交叉,在交叉点处出现平衡形式的二重性。

极值点失稳:只存在一个平衡路径,但平衡路径上出现极值点。

一般说来,完善体系是分支点失稳,非完善体系是极值点失稳。

结构分支点失稳或极值点失稳,对于工程实际来说都是不允许的。这都将使结构不能维持原来的工作状态,丧失承载能力,最后导致破坏。

5. 稳定自由度

确定体系变形状态所需要的独立几何参数的数目。

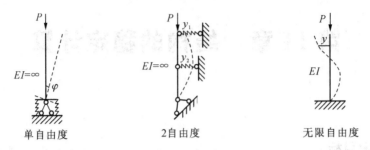

单自由度　　　　　　2自由度　　　　　　无限自由度

6. 确定临界荷载的基本方法

静力法：根据临界状态的静力特征而提出的方法。

能量法：根据临界状态的能量特征而提出的方法。

在分支点失稳中,临界状态的静力特征是平衡形式的二重性,临界状态的能量特征是势能为驻值并且位移有非零解。

7. 静力法解题思路

利用静力法计算临界荷载,首先假定杆件已处于新的平衡状态。分析 n 自由度体系时,对失稳形式建立 n 个独立的平衡方程,它们是关于 n 个独立位移参数的齐次方程,使该方程组的系数行列式为零,这就是稳定方程。它有 n 个实根,其中最小的为临界荷载。

8. 能量法解题思路

利用能量法计算临界荷载,首先对变形状态求出势能 E_P,由势能驻值条件,可得齐次方程(组),为求非零解,该方程组的系数行列式应为零,这就是稳定方程。它最小的根为临界荷载。

三、典型例题及解题标准步骤

L-11.1 试用两种方法求图示结构的临界荷载 F_{Pcr},刚度系数为 k。

解 (1) 结构有一个稳定自由度,失稳变形如图所示。

(2) 静力法

在失稳变形状态,支座反力:

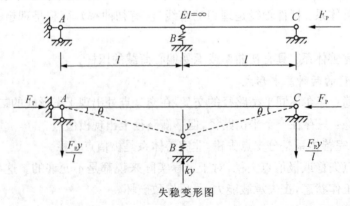

失稳变形图

$$F_{RB} = ky(\uparrow)$$

$$F_{xA} = F_P(\rightarrow), F_{yA} = \frac{F_P y}{l}(\downarrow), F_{yC} = \frac{F_P y}{l}(\downarrow)$$

变形状态的平衡条件：

$$\sum F_y = 0 \quad \frac{2F_P \cdot y}{l} - k \cdot y = 0$$

$$\left(\frac{2F_P}{l} - k\right) \cdot y = 0$$

若系数等于 0，方程有非零解，除原始平衡形式外，体系还有新的平衡形式。平衡形式具有二重性，这就是体系处于临界状态的静力特征。

可解得临界荷载：

$$F_{Pcr} = \frac{kl}{2}$$

（3）能量法

C 点的水平位移：

$$\lambda = 2l(1 - \cos\theta) = 2l \cdot \frac{\theta^2}{2} = l\theta^2 = l\left(\frac{y}{l}\right)^2 = \frac{y^2}{l}$$

弹性支座的应变能：

$$V_\varepsilon = \frac{1}{2}k \cdot y^2$$

荷载势能：

$$V_P = -F_P\lambda = -F_P \cdot \frac{y^2}{l}$$

体系的势能：

$$E_P = V_\varepsilon + V_P = \left(\frac{k}{2} - \frac{F_P}{l}\right) \cdot y^2$$

应用势能驻值条件：

$$\frac{dE_P}{dy} = 0$$

得

$$\left(k - \frac{2F_P}{l}\right) \cdot y = 0$$

可解得临界荷载：

$$F_{Pcr} = \frac{kl}{2}$$

第 12 章　结构的极限荷载

一、教学目标

理解极限弯矩、极限荷载的概念和比例加载时判定极限荷载的一般定理,会计算超静定梁的极限荷载。

二、内容概要

1. 弹性分析与塑性分析

弹性分析:材料在比例极限内的结构分析。它是以许用应力为依据确定截面或进行验算的。

塑性分析:按照极限状态进行结构设计的方法。

弹性设计方法的缺点是对于塑性材料的结构,特别是超静定结构,没有考虑材料超过屈服极限后结构的这一部分承载力,因而不够经济合理。

2. 极限弯矩(M_u)

极限弯矩:整个截面达到塑性流动状态时对应的弯矩,是截面所能承受的最大弯矩。

极限弯矩与外力无关,只与材料的物理性质和截面几何形状、尺寸有关。

宽为 b、高为 h 的矩形截面:

$$M_u = \frac{bh^2}{4}\sigma_s$$

式中 σ_s 是屈服极限。

3. 截面达到极限弯矩时的特点

极限状态时,无论截面形状如何,中性轴两侧的拉压面积相等,中性轴亦为等分截面轴。依据这一特点可确定极限弯矩。

4. 塑性铰的概念

在塑性流动阶段,在极限弯矩 M_u 下,两个无限靠近的截面可以产生相对转角。因此,当某截面弯矩达到极限弯矩 M_u 时,就称该截面产生了塑性铰。

5. 塑性铰的特点(与机械铰的区别)

(1)普通铰不能承受弯矩,塑性铰能够承受弯矩。

(2)普通铰双向转动,塑性铰单向转动,即塑性铰是单向铰。因卸载时应力增量与应变增量仍为直线关系,截面恢复弹性性质。因此,塑性铰只能沿弯矩增大的方向发生有限的转角,卸载时消失。

　6. 破坏机构

由于足够多的塑性铰的出现,使原结构成为几何可变体系,失去继续承载的能力,该几何可变体系称为"机构"。不同结构在荷载作用下成为机构,所需塑性铰的数目不同。

对于静定结构,当一个截面出现塑性铰时,结构就变成了具有一个自由度的机构而破坏。

对于具有 n 个多余约束的超静定结构,当出现 $n+1$ 个塑性铰时,该结构变为机构而破坏。或者塑性铰虽少于 $n+1$ 个,但结构局部已经变为机构而破坏。

　7. 极限状态与极限荷载

某些截面,弯矩首先达到极限值,形成塑性铰。此时,结构变成机构,这种状态称为极限状态,此时的荷载称为极限荷载。

　8. 结构极限状态时应满足的三个条件

(1)机构条件:当荷载达到极限值时,结构上必须有足够多的塑性铰使结构变成机构。

(2)内力局限条件:在极限受力状态下,结构任一截面的弯矩绝对值都不大于其极限弯矩。

(3)平衡条件:当荷载达到极限值时,作用在结构整体上或任意局部上的所有的力都必须保持平衡。

　9. 如何确定单跨梁的极限荷载

对于静定结构,塑性铰出现在弯矩最大的截面。

对于单跨超静定梁,塑性铰首先出现在弯矩最大的截面,随着荷载的增大,其他截面出现塑性铰直至结构变为机构,据此确定极限荷载。关键是确定破坏机构,即塑性铰的数量及位置。

　10. 静力法与能量法

利用静力平衡方程求极限荷载的方法称为静力法。

利用虚功方程求极限荷载的方法称为能量法。

　11. 如何确定连续梁的极限荷载

连续梁只可能在各跨独立形成破坏机构,而不可能由相邻几跨联合形成一个破坏机构。

分别求出各跨独自破坏时的可破坏荷载,这些可破坏荷载中的最小者即为极限荷载。极限荷载 F_{Pu} 值是唯一确定的。

三、典型例题及解题标准步骤

L‑12.1 试计算图示梁的极限荷载 F_{Pu}。

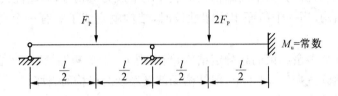

解 (1)第一跨破坏时,破坏机构如图所示。

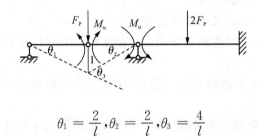

$$\theta_1 = \frac{2}{l}, \theta_2 = \frac{2}{l}, \theta_3 = \frac{4}{l}$$

由虚功方程,可得

$$F_{Pu}^+ \times 1 = M_u(\theta_2 + \theta_3)$$

解得可破坏荷载:

$$F_{Pu,1}^+ = \frac{6M_u}{l}$$

(2)第二跨破坏时,破坏机构如图所示。

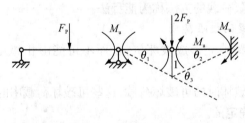

$$\theta_1 = \frac{2}{l}, \theta_2 = \frac{2}{l}, \theta_3 = \frac{4}{l}$$

由虚功方程,可得

$$2F_{Pu}^+ \times 1 = M_u(\theta_1 + \theta_2 + \theta_3)$$

解得可破坏荷载：

$$F_{\mathrm{Pu},2}^{+} = \frac{4M_{\mathrm{u}}}{l}$$

（3）极限荷载取各跨独自破坏时的可破坏荷载的最小值

$$F_{\mathrm{Pu}} = \frac{4M_{\mathrm{u}}}{l}$$

第二部分
各章练习题

　　第二部分的各章练习题主要是结合每章的理论知识设置的作业题,包括预练题、基础题和提高题三大类。其中预练题主要是让学生评估自己的课前预习水平的,在预习后、上课前的时间段完成;基础题是围绕本章理论知识的基本概念、基本方法设置的,以供学生课后进行练习,巩固课堂知识;提高题则针对喜欢思考、乐于探究的学生设置的习题,有一定的难度和深度。该部分的习题数量和分布见下表所示。

各章习题数量汇总

章节名称	预练题	基础题	提高题	合计
矩阵位移法	10	10	4	24
结构的动力计算	11	17	10	38
结构的稳定计算	7	17	4	28
结构的极限荷载	7	8	2	17
合计	35	52	20	107

第9章 矩阵位移法

班级_____ 学号_____ 姓名_____ 评分_____

（一）预 练 题

P-9.1 写出一般单元的单元刚度矩阵,并说明其性质。

P-9.2 写出连续梁单元的单元刚度矩阵,并说明其性质。

P-9.3 写出桁架单元的单元刚度矩阵,并说明其性质。

P-9.4 图示连续梁,各杆刚度为 EI,忽略轴向变形,写出单元②的单元刚度矩阵。

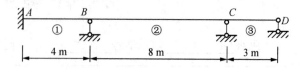

P-9.5 图示刚架,各杆刚度为 EA、EI,写出单元②的单元刚度矩阵。

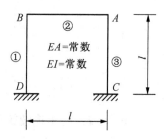

P-9.6 图示刚架,各杆刚度为 EI,忽略轴向变形,写出单元②的单元刚度矩阵。

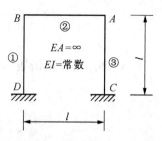

P - 9.7 写出一般单元、连续梁单元和桁架单元的坐标转换矩阵,并说明其性质。

P - 9.8 写出整体坐标系和局部坐标系下的单元力矩阵、位移矩阵和单元刚度矩阵间的转换表达式。

P-9.9   图示连续梁,各杆刚度为 EI,忽略轴向变形,写出其整体刚度矩阵。

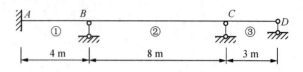

P-9.10   图示刚架,各杆刚度为 EA、EI,写出其整体刚度矩阵。

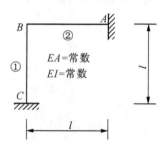

第 9 章　矩阵位移法

班级＿＿＿＿＿　　学号＿＿＿＿＿　　姓名＿＿＿＿＿　　评分＿＿＿＿＿

（二）基　础　题

F-9.1　判断题,并说明原因

1. 单元刚度矩阵反映了该单元杆端位移与杆端力之间的关系。　　　　　（　　）

原因:

2. 单元刚度矩阵均具有对称性和奇异性。　　　　　　　　　　　　　（　　）

原因:

3. 局部坐标系与整体坐标系之间的坐标转换矩阵 T 是正交矩阵。　　　（　　）

原因:

4. 结构刚度矩阵反映了结构结点位移与荷载之间的关系。　　　　　　　（　　）

原因:

5. 在直接刚度法的先处理法中,定位向量的物理意义是变形连续条件和位移边界条件。　　　　　　　　　　　　　　　　　　　　　　　　　　　　　　（　　）

原因:

6. 等效结点荷载数值等于汇交于该结点所有固端力的代数和。　　　　　（　　）

原因:

7. 矩阵位移法既能计算超静定结构,也能计算静定结构。　　　　　　　（　　）

原因:

8. 已知杆端力向量,就可以通过单元刚度矩阵计算出杆端位移向量。　　（　　）

原因:

9. 已知杆端位移向量,就可以通过单元刚度矩阵计算出杆端力向量。　　（　　）

原因:

10. 单元刚度矩阵是单元的固有特性,与坐标选取无关。　　　　　　　（　　）

原因:

11. 整体坐标系中的杆端力依次是 N、Q、M。　　　　　　　　　　（　　）

原因:

12. 结构刚度方程矩阵形式为 $[K]\{\Delta\}=\{P\}$,它是整个结构所应满足的变形条件。

　　　　　　　　　　　　　　　　　　　　　　　　　　　　　　（　　）

原因:

13. 结构的整体刚度矩阵可直接由整体坐标系下的单元刚度的元素按"对号入座"的方式集成。　　　　　　　　　　　　　　　　　　　　　　（　　）

原因：

14. 在任意荷载作用下，刚架中任一单元由于杆端位移所引起的杆端力计算公式为 $[\overline{F}]^e = [T][K]^e \{\delta\}^e$。　　　　　　　　　　　　　　　　　（　　）

原因：

15. 图示梁结构刚度矩阵的元素 $K_{11} = 24EI/l^3$。　　　　　　　　　　　（　　）

原因：

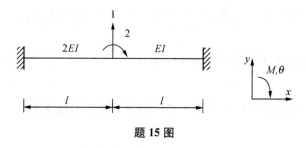

题 15 图

F-9.2　填空题

1. 矩阵位移法的核心内容是＿＿＿＿＿＿＿＿＿＿＿＿＿＿＿＿＿＿＿＿＿＿＿＿＿。

2. 图示梁结构刚度矩阵的主元素 $K_{11} =$ ＿＿＿＿＿，$K_{22} =$ ＿＿＿＿＿。

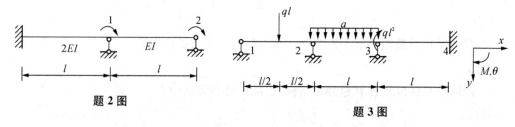

题 2 图　　　　　　　　　　　　　　　　　题 3 图

3. 用矩阵位移法解图示连续梁时，结点 3 的综合结点荷载是＿＿＿＿＿＿＿＿。

4. 图示桁架结构刚度矩阵有＿＿＿＿＿个元素，其数值等于＿＿＿＿＿＿。

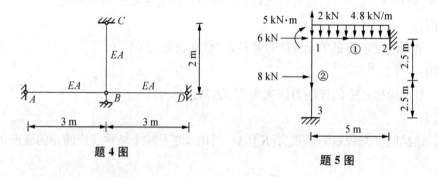

题 4 图　　　　　　　　　　　　　　　　　题 5 图

5. 写出图示刚架的等效结点荷载：＿＿＿＿＿＿＿＿＿＿＿＿＿＿。

6. 图示桁架的等效结点荷载为 _____。

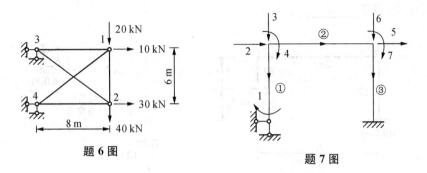

题 6 图

题 7 图

7. 图示结构中单元①的定位向量为 _____。

8. 已知图示桁架杆件①的单元刚度矩阵为式(a)，各结点位移为式(b)，则杆件①的轴力(注明拉力或压力)应为 $N^{①} =$ _____。

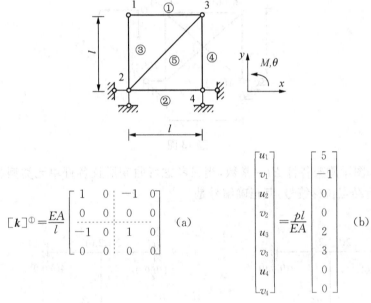

$$[k]^{①} = \frac{EA}{l} \begin{bmatrix} 1 & 0 & -1 & 0 \\ 0 & 0 & 0 & 0 \\ -1 & 0 & 1 & 0 \\ 0 & 0 & 0 & 0 \end{bmatrix} \quad (a) \qquad \begin{bmatrix} u_1 \\ v_1 \\ u_2 \\ v_2 \\ u_3 \\ v_3 \\ u_4 \\ v_4 \end{bmatrix} = \frac{pl}{EA} \begin{bmatrix} 5 \\ -1 \\ 0 \\ 0 \\ 2 \\ 3 \\ 0 \\ 0 \end{bmatrix} \quad (b)$$

题 8 图

9. 图示结构整体刚度矩阵 K 中元素 k_{22} 等于 _____。

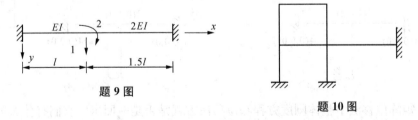

题 9 图

题 10 图

10. 图示结构若考虑轴向变形,在未引入支撑条件时,其整体刚度矩阵 K 是 _____ 阶方阵。

11. 图示结构若只考虑弯曲变形,括号中的数字为结点位移分量编码,则其整体刚度矩阵中元素 k_{11} 等于 _____。

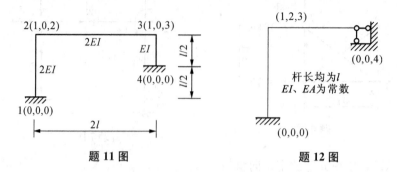

题 11 图   题 12 图

12. 如图所示刚架用矩阵位移法求解时的总刚元素 k_{33} 应为 _____。

13. 如图所示桁架结构用矩阵位移法求解时的总刚元素 k_{65} 应为 _____。

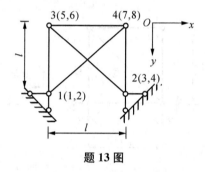

题 13 图

14. 已知图示刚架各杆 $EI=$ 常数,当只考虑弯曲变形且各杆单元类型相同时,采用先处理法进行结点位移编号,其正确编号是_____。

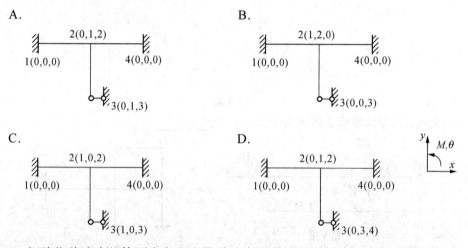

15. 矩阵位移法中整体刚度方程和位移法方程是否是一回事?它们有什么关系?

_____

_____ 。

F-9.3 写出图示各单元在局部坐标系下的单元刚度矩阵。各杆 EI、EA 为常数。

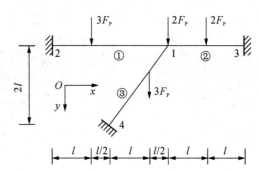

F-9.4 计算图示连续梁的刚度矩阵 **K**(忽略轴向变形影响)。

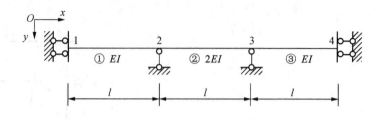

F-9.5 设图示桁架各杆 EA 相同。写出单元④、⑤的单元刚度矩阵。

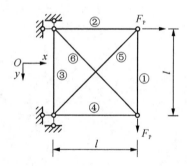

F - 9.6 试求图示刚架的等效结点荷载列阵。

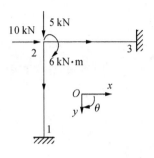

F - 9.7 试求图示刚架的等效结点荷载列阵。

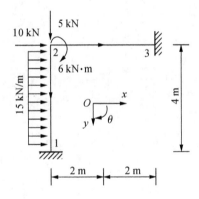

F‑9.8 试计算图示连续梁的结点转角和杆端弯矩。

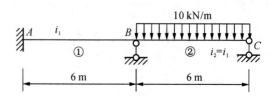

F-9.9 计算图示刚架的刚度矩阵 **K**(考虑轴向变形影响)。设各杆几何尺寸相同，$l=5\text{ m}, A=0.5\text{ m}^2, I=1/24\text{ m}^4, E=3\times10^4\text{ MPa}$。

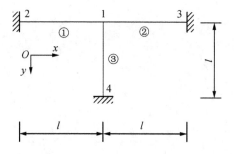

F - 9.10 计算图示刚架的刚度矩阵 **K**、结点位移和各杆内力(忽略轴向变形)。

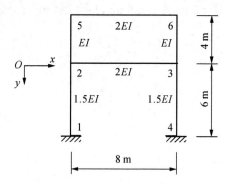

第 9 章　矩阵位移法

班级_____　学号_____　姓名_____　评分_____

（三）提　高　题

A-9.1 用矩阵位移法计算图示结构并作弯矩图,已知结点的位移为

$$\{\Delta\} = \frac{ql^3}{EI} \times \left[\frac{5l}{208} - \frac{1}{832} - \frac{29}{2496}\right]$$

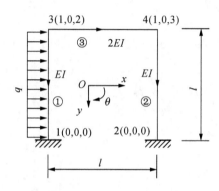

A - 9. 2　图示结构分别在考虑轴向变形和不考虑轴向变形两种条件下进行编号,并写出相应的荷载列阵。

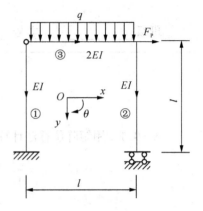

A‑9.3　图示刚架不计轴向变形,用矩阵位移法求其整体刚度矩阵。

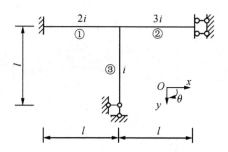

A‑9.4 设图示桁架各杆 EA 相同，基于题 F‑9.5 的结果计算各杆轴力。

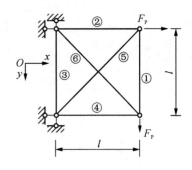

第 10 章　结构的动力计算

班级_____　　学号_____　　姓名_____　　评分_____

（一）预　练　题

P - 10.1　分析结构动力计算与静力计算的区别。

P - 10.2　试阐述动力自由度与自由度之间的区别。

P - 10.3　自振频率与哪些量有关,为什么可定义为结构的固有属性?

P - 10.4 计算图示单自由度(水平振动)结构的自振频率。

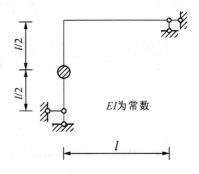

EI为常数

P - 10.5 写出动力系数的表达式,并分析其与其他量的关系。

P - 10.6　结构动力计算中的刚度法和柔度法各有什么特点,适用于什么结构?

P - 10.7　设梁端有重物 $W=10$ kN;梁重不计,$E=2\times10^5$ MPa、$I=1\,130$ cm^4,$\theta=50$ s^{-1},$F_P=2.5$ kN。求质点处最大动位移和最大动弯矩。

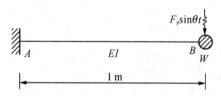

P - 10. 8 什么叫阻尼,产生阻尼的原因有哪些?

P - 10. 9 某结构自由振动经过 10 个周期之后,振幅降为原来的 10%。试求结构的阻尼比 ξ 和在简谐作用下共振时的动力系数 β。

P-10.10 试求图示结构的自振频率和主振型。

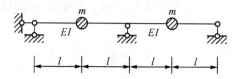

P - 10. 11　试求图示两层刚架的自振频率和主振型。设楼面质量分别为 $m_1=2m$ 和 $m_2=m$,柱的质量已集中于楼面,柱的线刚度分别为 $i_1=2i$ 和 $i_2=i$,横梁刚度为无限大。

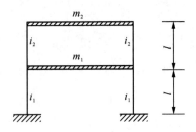

第 10 章　结构的动力计算

班级_____　　学号_____　　姓名_____　　评分_____

（二）基　础　题

F‐10.1　判断题，并说明原因

1. 结构计算中，大小、方向随时间变化的荷载必须按动荷载考虑。　　　（　　）

原因：

2. 单自由度体系其他参数不变，只有刚度 EI 增大到原来的 2 倍，则周期比原来的周期减小 1/2。　　　　（　　）

原因：

3. 结构在动力荷载作用下，其动内力与动位移仅与动力荷载的变化规律有关。（　　）

原因：

4. 由于阻尼的存在，任何振动都不会长期继续下去。　　　　（　　）

原因：

5. 图示刚架不计分布质量和直杆轴向变形，图（a）刚架的振动自由度为 2，图（b）刚架的振动自由度也为 2。　　　（　　）

原因：

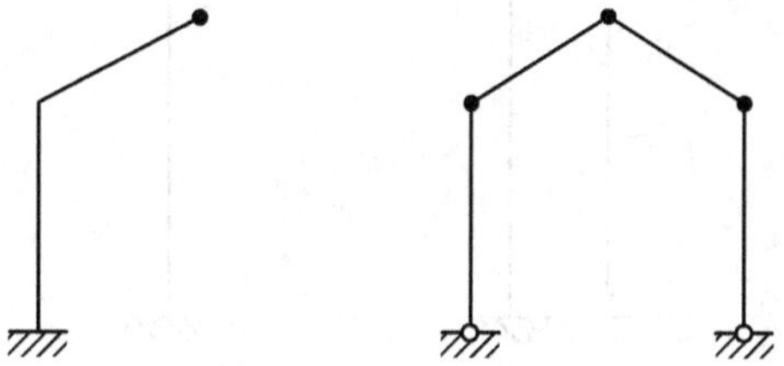

(a)　　　　　　(b)

题 5 图

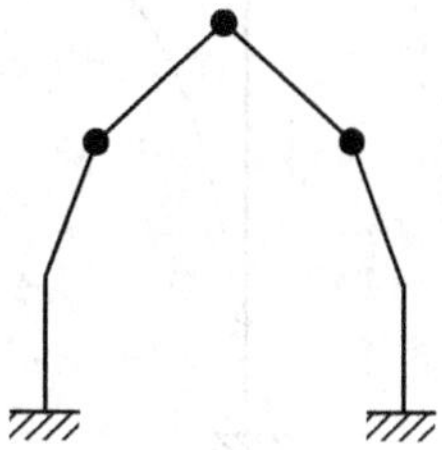

题 6 图

6. 忽略直杆的轴向变形，图示结构的动力自由度为 4。　　　　（　　）

原因：

7. 设 ω、ω_D 分别为同一体系在不考虑阻尼和考虑阻尼时的自振频率，ω 与 ω_D 的关系为 $\omega = \omega_D$。　　　　（　　）

原因：

8. 超静定结构体系的动力自由度数目一定等于其超静定次数。　　　　（　　）

原因：

9. 单体中某个杆件刚度减小时,结构自振周期不一定都增大。　　　　　（　）

原因:

10. 在多体中,刚度系数和柔度系数互为倒数关系。　　　　　　　　　（　）

原因:

11. 忽略直杆的轴向变形,图示结构的动力自由度为 4。　　　　　　　（　）

原因:

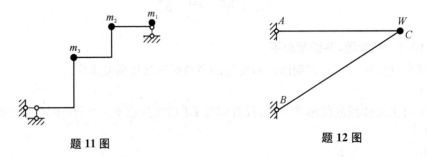

题 11 图　　　　　　　　　　　题 12 图

12. 桁架 ABC 在 C 结点处有重物 W,杆重不计,EA 为常数,在 C 点的竖向初位移干扰下,W 将做竖向自由振动。　　　　　　　　　　　　　　（　）

原因:

13. 单自由度体系如图,$W=9.8$ kN,欲使顶端产生水平位移 $\Delta=0.01$ m,需加水平力 $P=16$ kN,则体系的自振频率 $\omega=40$ s^{-1}。　　　　　　　　　（　）

原因:

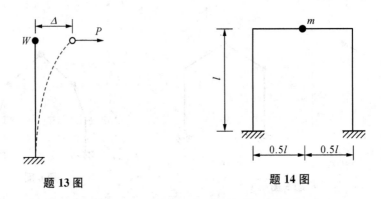

题 13 图　　　　　　　　　　　题 14 图

14. 图示体系做动力计算时,若不计轴向变形影响则为单自由度体系。　（　）

原因:

15. 图(a)体系的自振频率比图(b)的小。　　　　　　　　　　　　　（　）

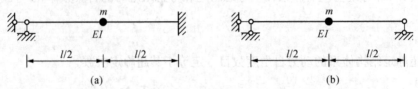

题 15 图

原因：

16. 图示四结构,柱子的刚度、高度相同;横梁刚度为无穷大,质量相同,集中在横梁上。它们的自振频率相等。　　　　　　　　　　　　　　　　　（　　）

原因：

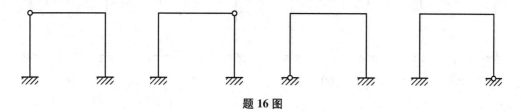

题 16 图

17. 在振动过程中,体系的重力对动力位移不会产生影响。　　　　　　　（　　）

原因：

18. 在动力计算中,以下两图所示结构的动力自由度相同(各杆均为无重弹性杆)。
　　　　　　　　　　　　　　　　　　　　　　　　　　　　　　　　　（　　）

原因：

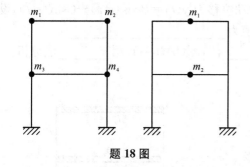　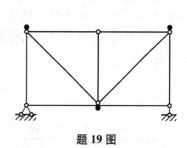

题 18 图　　　　　　　　　**题 19 图**

19. 图示组合结构,不计杆件的质量,其动力自由度为5。　　　　　　　（　　）

原因：

F-10.2　填空题

1. 如图所示振动体系不计杆件的轴向变形,则动力自由度为_____。

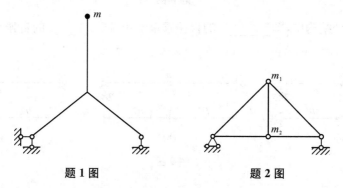

题 1 图　　　　　　　　　**题 2 图**

2. 图示桁架结构的动力自由度为_____。

3. 如图所示 4 个结构中,梁的抗弯刚度均为无穷大,柱的高度和抗弯刚度均相同,质量均集中于梁且均相等。以 ω_1、ω_2、ω_3、ω_4 分别表示它们的自振频率,则 ω_1＿＿＿ ω_2＿＿＿ ω_3＿＿＿ ω_4。

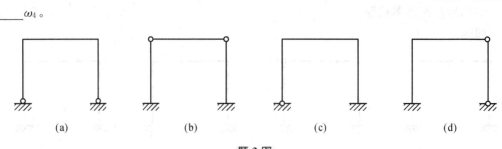

题 3 图

4. 单自由度体系只有当阻尼比 ξ＿＿＿＿1 时才会产生振动现象。

5. 已知结构的自振周期 $T=0.3$ s,阻尼比 $\xi=0.04$,质量 m 在 $y_0=3$ mm,$v_0=0$ 的初始条件下开始振动,则至少经过＿＿＿＿个周期后振幅可以衰减到 0.1 mm 以下。

6. 多自由度框架结构顶部刚度和质量突然变＿＿＿＿时,自由振动中顶部位移很大的现象称＿＿＿＿。

7. 单自由度体系无阻尼自由振动时的动位移为 $y(t)=B\cos(\omega t)+C\sin(\omega t)$,设 $t=0$ 时,$y(0)=y_0$,$\dot{y}(0)=0$,则质量的速度幅值为＿＿＿＿＿＿＿＿＿＿＿＿＿。

8. 在动力计算中,图(a)体系宜用＿＿＿＿法,图(b)体系宜用＿＿＿＿法分析。
简述理由:

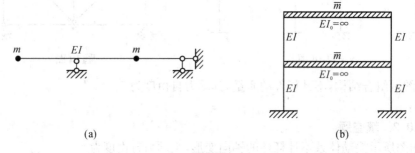

题 8 图

9. 图示 3 个结构中,图＿＿＿＿的自振频率最小,图＿＿＿＿的自振频率最大。
简述理由:

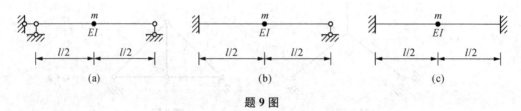

题 9 图

10. 图示体系不计阻尼，$\theta=\sqrt{2}\omega$（ω 为自振频率），其动力系数 $\mu=$_____。

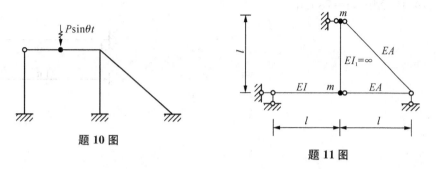

题 10 图　　　　题 11 图

11. 图示体系的自振频率 $\omega=$_____。

12. 单自由度无阻尼体系受简谐荷载作用，若稳态受迫振动可表示为 $y=\mu \cdot y_{st} \cdot \sin\theta t$，则式中 μ 计算公式为_____，y_{st} 是_____。

13. 已知图示结构的阻尼比为 0.021 3，水平自由振动过程中某一时刻的振幅为 0.5 cm，再经过 n 个周期后，振幅变为 0.1 cm，则 $n=$_____。

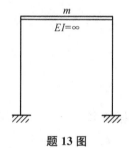

题 13 图

14. 为了计算自由振动时质点在任意时刻的位移，除了要知道质点的初始位移和初始速度之外，还需要知道_____。

15. 图示 3 个主振型形状相应的圆频率 ω，3 个频率的大小关系应为_____。

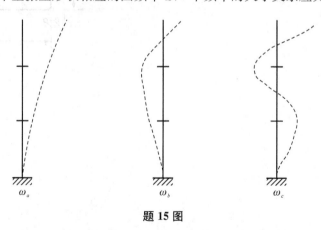

题 15 图

16. 多自由度体系自由振动时的任何位移曲线均可看成是_____的线性组合。

F - 10.3   试求图示梁的自振周期和圆频率。设梁端有重物 $W=1.23$ kN,梁重不计,$E=21\times10^4$ MPa,$I=78$ mm^4。

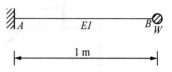

F - 10.4   试求图示体系的自振频率。

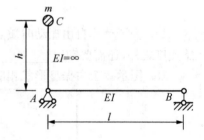

F-10.5　试求图示排架的水平自振周期。柱的重量已简化到顶部，与屋盖重合在一起。

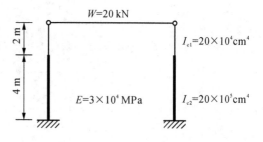

F-10.6　计算图示刚架的自振频率，并写出其做自由振动时的运动方程。

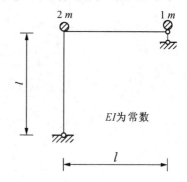

F‑10.7 试求图示桁架的自振频率和周期。

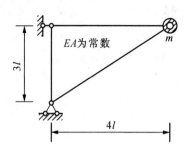

F‑10.8 图示体系 $EI = 2.0 \times 10^5$ kN·m^2,$\theta = 20$ s^{-1},$F_P = 5 \times 10^3$ N,$W = 10$ kN。求质点处最大动位移和最大动弯矩。

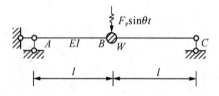

F-10.9　计算图示结构的在 $t=10$ s 时的位移响应。已知结构在 $t=0$ s 时刻处于静止,不计阻尼。

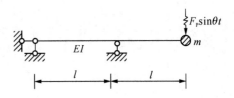

F-10.10　图示结构在柱顶有电动机,试求电动机转动时的最大水平位移和桩端弯矩的幅值。已知电动机和结构的自重 $W=20$ kN 集中于柱顶,电动机水平离心力的幅值 $F_P=250$ N,电机转速 $n=550$ r/min,$h=6$ m,柱的线刚度 $i=5.88\times10^8$ N·cm。

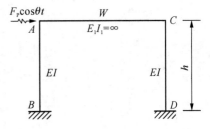

F - 10.11 图示结构中柱的质量集中在刚性横梁上，$m=5$ t，$EI=72\ 000$ kN·m²，突加荷载为 10 kN。试求柱顶最大位移以及发生的时间，并画弯矩图。

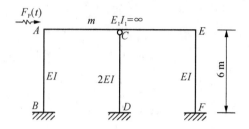

F - 10.12　通过图示结构做自由振动实验。用油压千斤顶使横梁产生侧向位移，当梁侧移 0.49 cm 时，需加侧向力 90.698 kN。在此初位移状态下放松横梁，经过 1 个周期（$T = 1.40$ s）后，横梁最大位移仅为 0.392 cm。试求：

（1）结构的自重 W（假设重量集中于横梁上）；（2）阻尼比；（3）振动 6 个周期后的位移幅值。

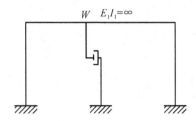

F - 10.13　计算图示结构的自振频率和主振型。

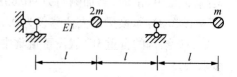

F - 10.14 设楼面质量分别为 $m_1 = 120$ t 和 $m_2 = 100$ t,柱的质量已集中于楼面,柱的线刚度分别为 $i_1 = 20$ MN · m 和 $i_2 = 14$ MN · m,横梁刚度为无限大。试求图示两层刚架的自振频率和主振型。

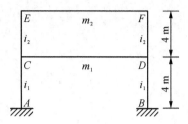

F‑10.15 设上题(F‑10.14)中的两层刚架的二层楼面处沿水平方向作用有简谐干扰力,其幅值为 5 kN,机器转速为 150 r/min。试求一、二层楼面处的振幅值和柱端弯矩的幅值。

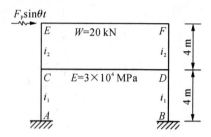

F‑10.16 试用柔度法求图示结构的自振频率和主振型。

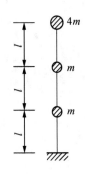

F‑10.17 试用刚度法求图示结构的自振频率和主振型。

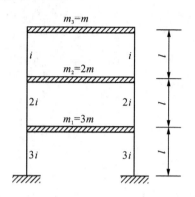

第 10 章　结构的动力计算

班级_____　　学号_____　　姓名_____　　评分_____

（三）提　高　题

A-10.1　计算图示结构的自振频率。

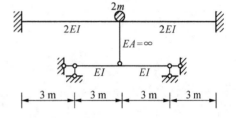

A-10.2 计算图示结构的自振频率。已知 $EI=9.6\times10^7$ kN·cm^2，$m=2\,000$ kg，$l=4$ m。

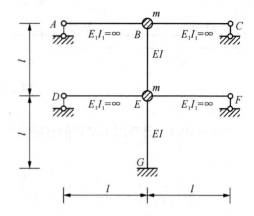

A - 10.3 已知 $\theta = \sqrt{\dfrac{18EI}{ml^3}}$ 。求图示体系最大动弯矩。

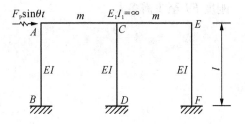

A-10.4 图示刚架 $m=4\,000\ \text{kg}$，$h=4\ \text{m}$，刚架做水平自由振动时因阻尼引起振幅的对数衰减率为 0.10。若要振幅在 10 s 内衰减到最大振幅的 5%，试求刚架柱子的弯曲刚度 EI 至少需多大。

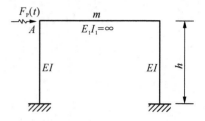

A - 10. 5　图示体系 $EI = 2.0 \times 10^5$ kN · m^2, $\theta = 20$ s^{-1}, $k = 3 \times 10^5$ N/m, $F_P = 5 \times 10^3$ N, $W = 10$ kN。求质点处最大动位移和最大动弯矩。

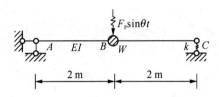

A - 10.6 计算图示结构的在 $t=20$ s 时的位移响应。已知结构在 $t=0$ s 时刻处于静止,不计阻尼。

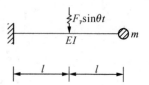

A－10.7 试求图示梁的自振频率和主振型。

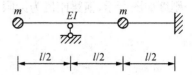

A-10.8 设楼面质量分别为 $m_1 = m$ 和 $m_2 = 1.5m$，柱的质量已集中于楼面，柱的线刚度如图所示，横梁刚度为无限大。试求图示两层刚架的自振频率和主振型。

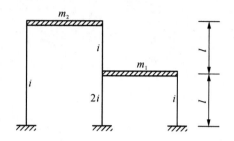

A-10.9 试求图示两层刚架的自振频率和主振型。横梁刚度为无限大。

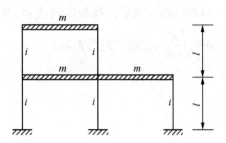

A - 10.10 图示结构在 B 点处有水平简谐荷载 $F_P(t)\sin\theta t$ kN 作用。试求集中质量处的最大水平位移和竖向位移,并绘制最大动力弯矩图。(已知 $EI = 9 \times 10^6$ N·m²,$\theta = \sqrt{\dfrac{EI}{ml^3}}$,忽略阻尼的影响)

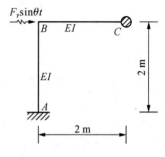

第 11 章 结构的稳定计算

班级_____ 学号_____ 姓名_____ 评分_____

（一）预 练 题

P‑11.1 对比分析自由度、动力自由度和稳定自由度的判断方法。

P‑11.2 对比分析静力法和能量法计算稳定问题的原理和步骤。

P‑11.3 稳定临界荷载与哪些因素有关?

P-11.4 用静力法求图示压杆的临界荷载。

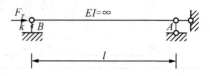

P-11.5 用能量法求图示压杆的临界荷载。

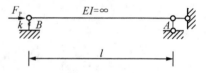

P - 11. 6　用静力法求图示压杆的临界荷载。

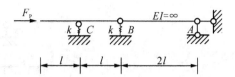

P－11.7 用能量法求图示压杆的临界荷载。

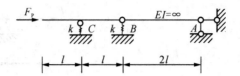

第 11 章 结构的稳定计算

班级_____ 学号_____ 姓名_____ 评分_____

(二) 基 础 题

F-11.1 判断题,并说明原因

1. 高强度材料的结构比低强度材料的结构更容易失稳。 ( )

原因:

2. 短粗杆和细长杆受压时的承载能力都是由强度条件决定的。 ( )

原因:

3. 压弯杆件和承受非结点荷载作用的刚架丧失稳定都属于第一类失稳。 ( )

原因:

4. 在稳定分析中,有 n 个稳定自由度的结构具有 n 个临界荷载。 ( )

原因:

5. 两类稳定问题的主要区别是荷载-位移曲线上是否出现分支点。 ( )

原因:

6. 静力法确定临界荷载的依据是结构失稳时的静力平衡条件。 ( )

原因:

7. 能量法确定临界荷载的依据是势能驻值原理。 ( )

原因:

8. 任何两端弹性支座压杆的临界荷载都不会大于对应的(即杆长、材料、截面均相同)两端固定压杆的临界荷载。 ( )

原因:

F-11.2 填空题

1. 求临界荷载的方法有两种,即_____和_____。在原理上,前者依据的是_____,后者依据的是_____。

2. 弹性压杆处于临界状态时具有平衡二重性,即可以在_____形式下和_____形式下处于平衡,用静力法求解时,满足平衡方程的解有_____。

3. 图(a)所示体系的横梁(链杆)$EA=\infty$,各杆 EI 为常数,将其转换为图(b)所示的弹性支承压杆,则弹簧的刚度系数为_____。

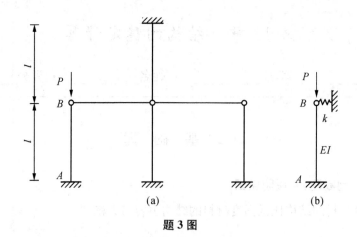

题 3 图

F-11.3 计算图示弹性支承刚性压杆体系的临界荷载。

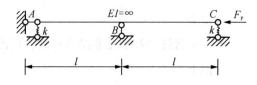

F - 11. 4　试用静力法求图示结构的临界荷载 F_{Pcr}。

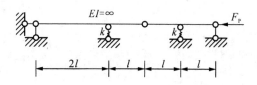

F - 11. 5　试用静力法求图示结构的临界荷载 F_{Pcr}。

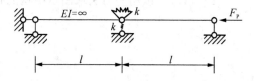

F-11.6 试用静力法求图示结构的临界荷载 F_{Pcr}（设刚度系数为 k）。

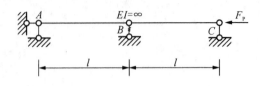

F-11.7 试用静力法求图示结构的临界荷载 q_{cr}（设刚度系数为 k）。

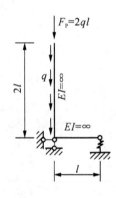

F-11.8　试用静力法求图示结构的临界荷载 F_{Pcr}（设各杆 $I=\infty$，刚度系数为 $k_1=k$，$k_2=kl$）。

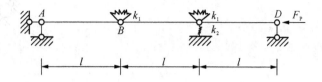

F - 11. 9 试用能量法求图示结构的临界荷载 F_{Pcr}。

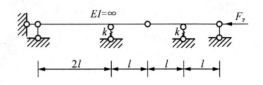

F - 11. 10 试用能量法求图示结构的临界荷载 F_{Pcr}。

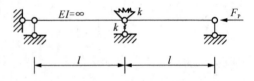

F-11.11　试用能量法求图示结构的临界荷载 F_{Pcr}（设刚度系数为 k）。

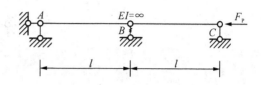

F-11.12　试用能量法求图示结构的临界荷载 q_{cr}（设刚度系数为 k）。

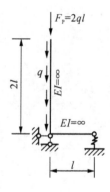

F‑11.13 试用能量法求图示结构的临界荷载 F_{Pcr}（设各杆 $I=\infty$，刚度系数为 k）。

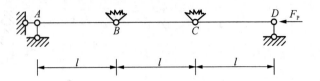

F - 11. 14 用静力法建立图示体系的稳定方程。

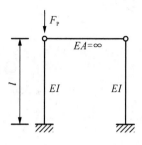

F - 11. 15 用静力法建立图示体系的稳定方程。

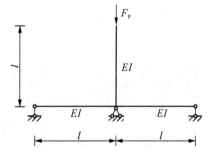

F-11.16 求稳定问题时将弹性杆件体系简化为单根杆件,试计算其弹性支撑刚度 k。

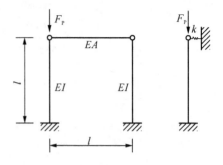

F-11.17 用静力法建立图示体系的稳定方程。

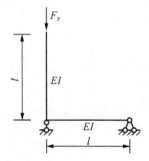

第 11 章　结构的稳定计算

班级_____　　学号_____　　姓名_____　　评分_____

（三）提　高　题

A-11.1　利用对称性,计算图示连续梁的临界荷载。

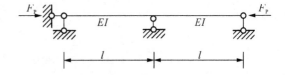

A－11. 2 求图示结构的临界荷载。

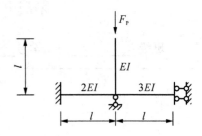

A - 11.3 计算图示体系的临界荷载。

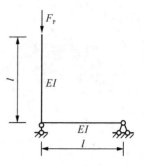

A－11.4　计算图示刚架的临界荷载。

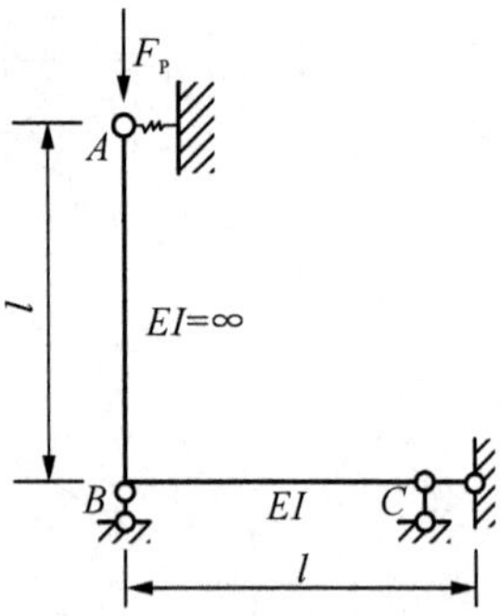

第 12 章　结构的极限荷载

班级＿＿＿＿＿　　学号＿＿＿＿＿　　姓名＿＿＿＿＿　　评分＿＿＿＿＿

（一）预　练　题

P-12.1　写出计算给定截面极限弯矩的步骤。

P-12.2　分析塑性铰与普通铰的区别。

P-12.3　列出计算结构极限荷载的方法及计算步骤。

P-12.4　阐述可破坏荷载、可接受荷载和极限荷载的定义及联系。

P - 12.5   如图所示,变截面悬臂梁的 AB 段和 BC 段的截面为矩形,截面尺寸(宽×高)分别为 $b \times nh$ 和 $b \times h$,材料的屈服极限为 σ_y。试求极限荷载及其破坏形式。

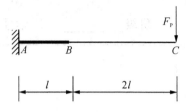

P - 12.6　求图示梁的极限荷载。

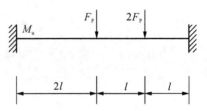

P - 12.7　求图示连续梁的极限荷载。

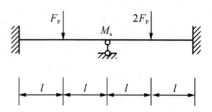

第 12 章　结构的极限荷载

班级_____　　学号_____　　姓名_____　　评分_____

(二) 基 础 题

F - 12.1　判断题,并说明原因

1. 静定结构只要产生一个塑性铰即发生塑性破坏,n 次超静定结构一定要产生 $n+1$ 个塑性铰才发生塑性破坏。　　　　　　　　　　　　　　　　　　　　　　(　　)

原因:

2. 塑性铰与普通铰不同,它是一种单向铰,只能沿弯矩增大的方向发生相对转动。

　　　　　　　　　　　　　　　　　　　　　　　　　　　　　　　　　(　　)

原因:

3. 超静定结构的极限荷载不受温度变化、支座移动等因素影响。　　　　(　　)

原因:

4. 结构极限荷载是结构形成最容易发生的破坏机构时的荷载。　　　　(　　)

原因:

5. 极限荷载应满足单向机构条件、内力局限和平衡条件。　　　　　　(　　)

原因:

6. 塑性铰处的弯矩值可以小于极限弯矩值。　　　　　　　　　　　　(　　)

原因:

7. 当截面的弯矩达到极限弯矩时,该截面的应力迅速增加。　　　　　(　　)

原因:

8. 当结构中最大弯矩所在截面的边缘应力达到屈服应力时,如果继续加载,则结构进入塑性阶段。　　　　　　　　　　　　　　　　　　　　　　　　　　　(　　)

原因:

9. 在计算超静定结构的极限荷载时,需要考虑的因素有变形条件。　　(　　)

原因:

10. 求极限荷载时出现塑性铰的数目与超静定次数一定相同。　　　　(　　)

原因:

F－12.2 填空题

1. ＿＿＿＿＿＿＿＿＿＿ 结构不易进行塑性分析。

2. 塑性截面系数 W_S 和弹性截面系数 W 的关系为＿＿＿＿＿＿。

3. 截面的极限弯矩与＿＿＿＿＿＿＿、＿＿＿＿＿＿＿ 有关。

4. 塑性阶段，截面的中性轴位于＿＿＿＿＿＿＿。

5. 均质材料矩形截面的塑性截面抵抗矩 M_P 与弹性截面抵抗矩 M_S 的比值为＿＿。

6. 图示截面，其材料的屈服极限 $\sigma_s = 24 \text{ kN/cm}^2$，可算得极限弯矩 $M_u = $＿＿＿＿。

7. 图示梁的极限荷载 $P_u = $＿＿＿＿＿。

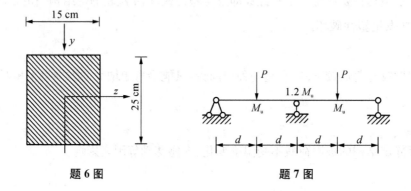

题 6 图   题 7 图

F－12.3 验证工字型截面的极限弯矩为 $M_u = \sigma_s b h \delta_2 \left(1 + \dfrac{h \delta_1}{4 b \delta_2}\right)$。

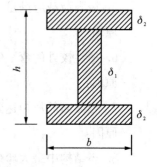

F - 12.4 计算图示梁的极限荷载 F_{Pu}。

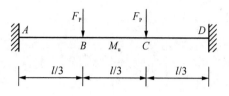

F - 12.5 求图示梁的极限荷载,并绘出塑性极限状态下梁的弯矩图和机构图。已知梁的截面极限弯矩为常数,且 $M_u = 4 \text{ kN} \cdot \text{m}$。

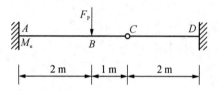

F - 12.6 已知 $l=2\,\mathrm{m}$, $M_u=300\,\mathrm{kN\cdot m}$。试求等截面静定梁的极限荷载。

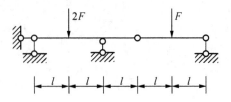

F - 12. 7　计算图示梁的极限荷载 F_{Pu}。

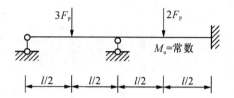

F - 12. 8　求图示连续梁的极限荷载 F_{Pu}。

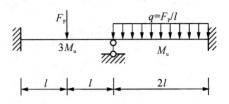

第 12 章　结构的极限荷载

班级＿＿＿＿＿　　　学号＿＿＿＿＿　　　姓名＿＿＿＿＿　　　评分＿＿＿＿＿

（三）提　高　题

A - 12.1　求图示连续梁的极限荷载。梁的截面极限弯矩 M_u 为常数。

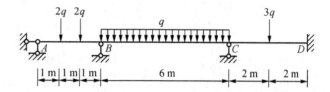

A – 12. 2 计算图示刚架的极限荷载 F_{Pu}。

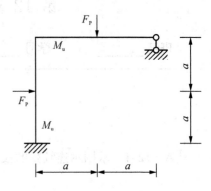

第三部分
测试模拟试卷

第三部分的测试模拟试卷一共设置了 4 套,主要是将各章的基本题型统一为考试试卷的形式,难度与每章基础题的难度相当,以便学生在学习完本册内容后,可以在固定时间内(120 分钟)对自己的学习水平进行测试。

测试模拟试卷(1)

班级_____　　学号_____　　姓名_____　　评分_____

题号	一	二	三	四	五	六	七	八	总分
得分									

一、(2×5＝10分)**判断题**(对的打"√",错的打"×")

1. 由于阻尼的存在,任何振动都不会长期继续下去。　　　　　　　（　　）
2. 矩阵位移法既能计算超静定结构,也能计算静定结构。　　　　　（　　）
3. 用矩阵位移法求解图1所示刚架,不考虑轴向变形时的基本未知量数目为3。（　　）

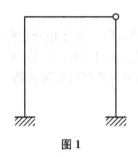

图1

4. 体系的动力自由度数就等于质量点个数。　　　　　　　　　　　（　　）
5. 静力法确定临界荷载的依据是结构失稳时的静力平衡条件。　　　（　　）

二、(2×5＝10分)**选择、填空题**

1. 图2所示结构中,已求得结构位移列阵$\{\boldsymbol{\Delta}\}＝[a\quad b\quad c]^{\mathrm{T}}$,则单元②在局部坐标系下的杆端位移向量$\{\overline{\boldsymbol{\Delta}}\}^②＝$_____。

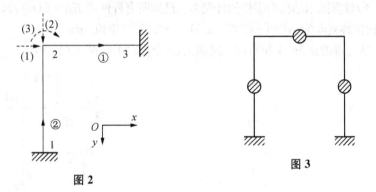

图2　　　　　　　　　　　　　　　**图3**

2. 忽略直杆的轴向变形,图3所示结构的振动自由度数目为　　　　（　　）

A. 3　　　　　　　B. 4　　　　　　　C. 5　　　　　　　D. 6

3. 图4所示单自由度体系在简谐动荷载作用下做强迫振动,为减小振幅,在质量点上设置阻尼器,当结构体系的阻尼比为$\xi_1＝0.1$时,共振时质量点的振幅为y_1,当结构体

系的阻尼比为 $\xi_2=0.5$ 时,共振时质量点的振幅为 y_2。则 $y_1:y_2=$＿＿＿＿＿。

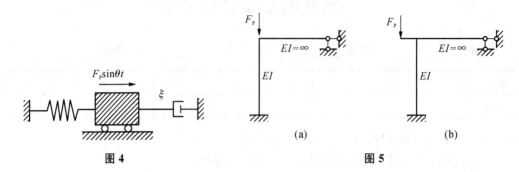

图 4   图 5

4. 图 5(a,b)所示两结构的稳定问题   （   ）

A. 均属于分支点稳定问题

B. 均属于极值点稳定问题

C. 图(a)属于分支点稳定问题,图(b)属于极值点稳定问题

D. 图(a)属于极值点稳定问题,图(b)属于分支点稳定问题

5. 图 6 所示等截面梁实际出现的破坏机构形式是   （   ）

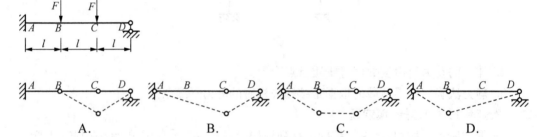

图 6

三、(10 分)计算图示结构中①杆的杆端力。已知所有杆件的 $EA=2\,000$ kN、$EI=2\,000$ kN·m^2,结构的位移列阵为$\{\boldsymbol{\Delta}\}=[-0.35\quad 1.71\quad -0.59]^{\text{T}}$(单位:mm)。

(1) 单元刚度矩阵(3 分);(2) 固端力(3 分);(3) 杆端力(4 分)。

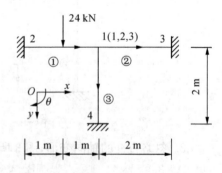

四、(12 分)求图示梁的整体刚度矩阵。

(1) 编码(2 分);(2) 单元刚度矩阵(3 分);(3) 定位向量(3 分);(4) 整体刚度矩阵(4 分)。

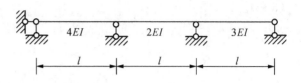

五、(16 分)求图示结构的临界荷载 F_{Pcr},并绘制失稳形式图。设各杆 $I=\infty$,转角弹簧的刚度系数均为 k。

(1) 特征方程(10 分);(2) 临界荷载(2 分);(3) 失稳形式图(4 分)。

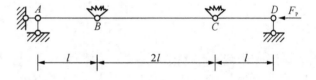

六、（12 分）求图示体系质点处最大动位移和最大动弯矩。其中：$EI = 3\,600\,\text{kN} \cdot \text{m}^2$、$\theta = 16\,\text{s}^{-1}$、$F_P = 50\,\text{kN}$、$W = 20\,\text{kN}$、$g = 10\,\text{m} \cdot \text{s}^{-2}$。

（1）自振频率（4 分）；（2）放大系数（2 分）；（3）最大动位移（3 分）；（4）最大动弯矩（3 分）。

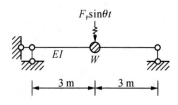

七、(12 分)计算图示梁的极限荷载 F_{Pu}。其中梁的 M_u 为常数。

(1) 机构图(4 分);(2) 可破坏荷载(6 分);(3) 极限荷载(2 分)。

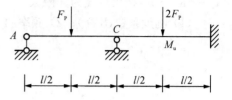

八、(18分)试求图示两层刚架的自振频率和主振型,并绘制主振型图。设楼面质量分别为 $m_1 = 12$ t 和 $m_2 = 4$ t,柱的质量已集中于楼面,柱的线刚度分别为 $i_1 = 16$ kN·m 和 $i_2 = 8$ kN·m,横梁刚度为无限大。

(1) 刚度系数(8分);(2) 频率(4分);(3) 主振型(2分);(4) 绘制主振型图(4分)。

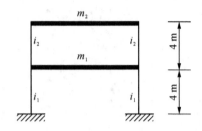

测试模拟试卷（2）

班级_____　　学号_____　　姓名_____　　评分_____

题号	一	二	三	总分
得分				

一、（16 分）选择题

1. （3 分）图示体系 AB 为一刚性压杆，$EI=\infty$，底座为铰支，顶端 B 处为水平弹簧支承，刚度系数为 k，初始倾角 ε，其失稳问题为　　　（　　）

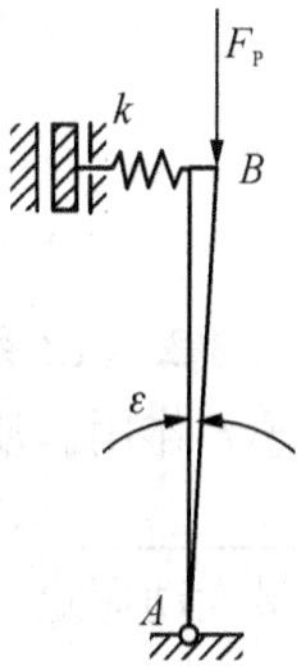

A. 完善体系，分支点失稳

B. 非完善体系，极值点失稳

C. 完善体系，极值点失稳

D. 非完善体系，分支点失稳

2. （3 分）超静定结构在有温度变化时，其极限荷载　　　　（　　）

A. 变大了

B. 变小了

C. 没有变化

D. 视结构形式而定

3. （6 分）图示单跨梁的跨度为 l，抗弯刚度为 EI，忽略梁的自重，两者的自振频率之比为　　　　　　　　　　　　　　　　　　　　　　　　（　　）

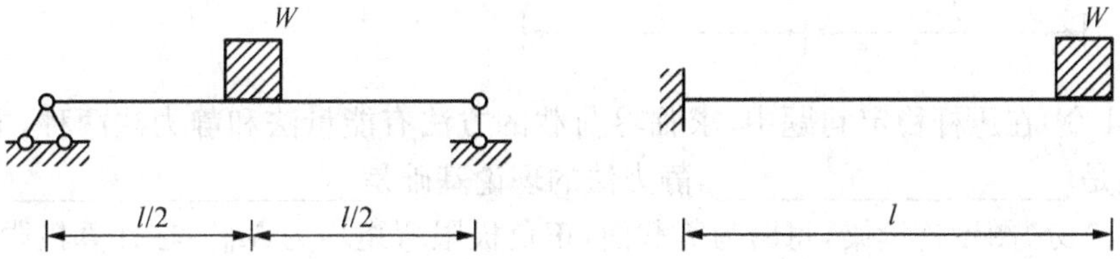

A. $\sqrt{3}:1$　　　　　　B. $\sqrt{2}:1$　　　　　　C. $3:1$　　　　　　D. $4:1$

4. （4 分）图示变截面悬臂梁，AB、BC 段极限弯矩分别为 $3M_u$、M_u，其极限荷载为
　　　　　　　　　　　　　　　　　　　　　　　　　　　　　　（　　）

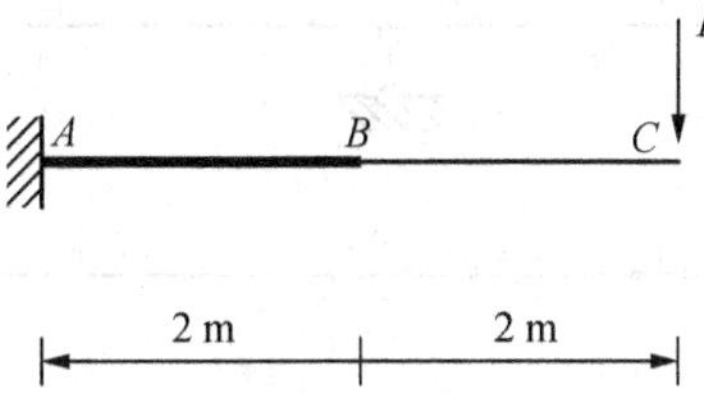

A. $M_u/2$　　　　　　B. M_u　　　　　　C. $3M_u/4$　　　　　　D. $3M_u/2$

二、(34分)填空题

1. (8分)图示结构单元固端约束力向量、结构整体等效节点荷载向量分别为

_____；

_____。

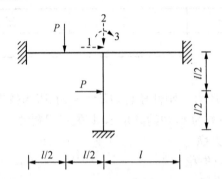

2. (12分)图示体系中,梁自重不计,抗弯刚度为EI,集中质量块m,受一简谐荷载$F(t)$作用。质量块的运动方程为_____,体系的自振频率为_____,体系的稳态响应为_____,动力放大系数为_____,最大动位移和最大动弯矩分别为_____、_____。

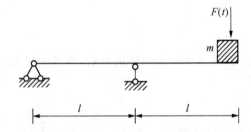

其中:$m=300$ kg,$l=3$ m,$E=2\times10^5$ MPa,$I=3\times10^{-5}$ m^4,$F(t)=10\sin30t$ kN

3. (4分)在压杆稳定问题中,求临界荷载的方法有能量法和静力法两种,能量法的理论基础是_____,静力法的理论基础是_____。

4. (10分)图示连续梁,每跨为等截面,正负极限弯矩均为M_u。在计算极限荷载时,破坏机构有_____个,破坏荷载分别为$q_{u1}=$_____,$q_{u2}=$_____,所以极限荷载$q_u=$_____。

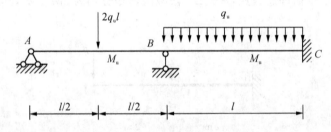

三、(50 分)计算题

1. (20 分) 图示刚架在荷载作用下,杆件刚度均为 EA、EI,用矩阵位移法计算所得结点位移列阵分别为:$\Delta=[847 \quad -5.13 \quad 28.4 \quad 824 \quad 5.13 \quad 96.5]^T$(考虑轴向变形),$\Delta'=[838 \quad 26.1 \quad 97.9]^T$(忽略轴向变形)。试分别计算两种情况下单元②的杆端力,并计算两者弯矩的相对误差。

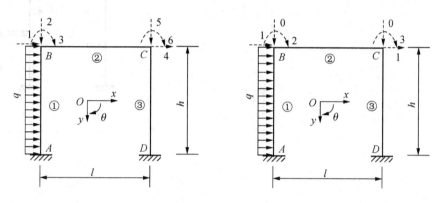

2. (12 分) 在图示体系中,AB、BC、CD 均为刚性杆,具有两个变形自由度。试求临界荷载 F_{Pcr}。

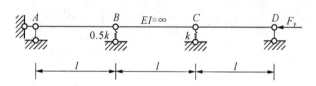

3.（18分）图示两层刚架，$m_1 = 2m_2 = 2m$，$\dfrac{EI}{l^3} = k$，横梁刚度为无限大。试求其自振频率和主振型。

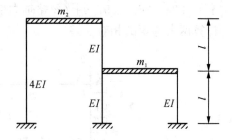

测试模拟试卷(3)

班级_____ 学号_____ 姓名_____ 评分_____

题号	一	二	三	四	五	六	七	总分
得分								

一、(25 分)填空、选择题。

1. (4 分)图 1 所示结构,不计轴向变形,结构整体刚度矩阵$[K]$中的元素 $K_{11}=$_____,$K_{22}=$_____。

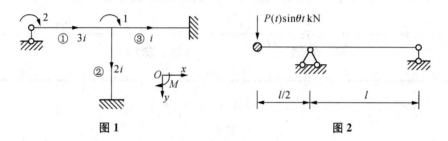

图 1   图 2

2. (4 分)图 2 所示体系,已知自振频率 $\omega^2=\dfrac{12EI}{ml^3}$,阻尼比 $\xi=0.04$,共振时质点的最大位移 $y_{max}=$_____,截面 A 的最大弯矩 $M_{max}=$_____。

3. (4 分)图 3 所示连续梁,不计轴向变形,用矩阵位移法计算时的基本未知量数目为 (   )

A. 9   B. 5   C. 10   D. 6

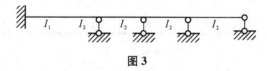

图 3

4. (4 分)图 4 所示各压杆,E、I、l 相同,其临界荷载 P_{cr}大小的排列顺序为 (   )

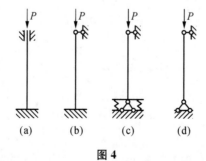

图 4

A. (a)=(b)>(c)=(d)   B. (a)>(b)>(c)>(d)

C. (a)<(b)<(c)<(d)　　　　　　　　　　D. (a)=(b)<(c)=(d)

5. (4 分)图 5 所示等截面梁实际出现的破坏机构形式是　　　　　　　　　　( )

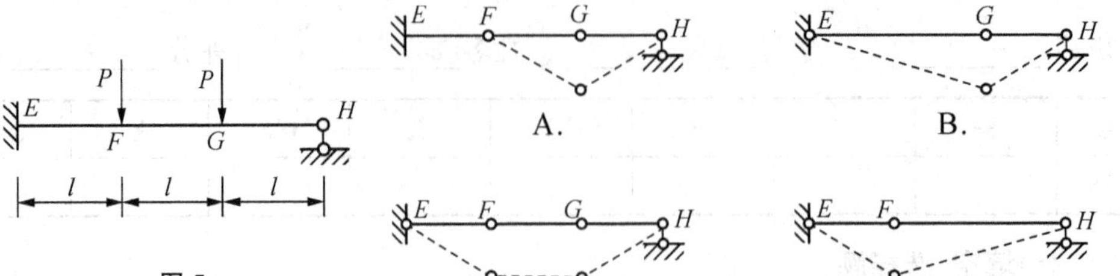

图 5

A.

B.

C.

D.

6. (5 分)图 6 所示单自由度体系动力体系自振周期的关系为　　　　　　　( )

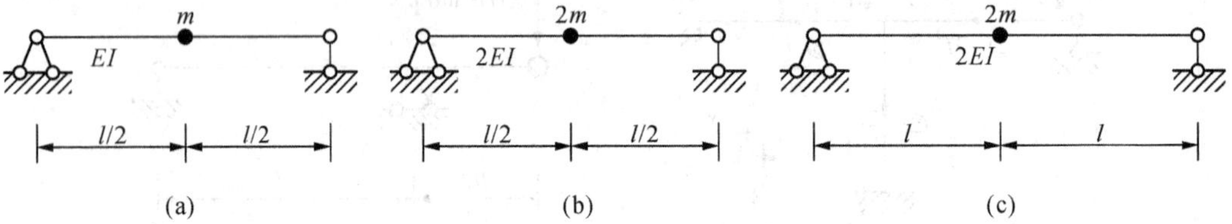

(a)　　　　　　　　　(b)　　　　　　　　　(c)

图 6

A. (a)=(b)　　　　　B. (a)=(c)　　　　　C. (b)=(c)　　　　　D. 都不等

二、(10 分)计算图示连续梁的等效综合结点荷载。

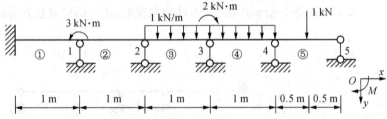

三、(10 分)计算图示结构中杆 12 的杆端力列阵的 6 个元素。已知所有杆件的材料参数为：$EA=1$ kN，$EI=1$ kN·m^2，杆 12 的杆端位移列阵为 $\{\delta_{12}\}=[0 \quad 0 \quad -0.325\,7 \quad -0.030\,5 \quad -0.161\,6 \quad -0.166\,7]^{T}$。

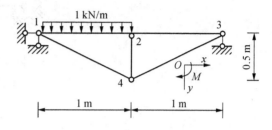

四、(12 分)已知：$m=3\,000$ kg，$P=8$ kN，干扰力转速为 500 r/min，不计杆件的质量，$EI=6\times10^3$ kN·m^2。求质点的最大动力位移和最大动弯矩。

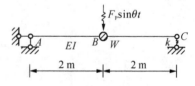

五、(12 分)求图示连续梁的极限荷载 P_u。

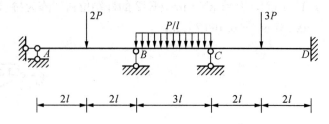

六、(15 分)图示简支梁 EI＝常数,梁重不计,$m_1=2m$,$m_2=m$,已求出柔度系数 $\delta_{12}=7a^3/(18EI)$。求自振频率及主振型。

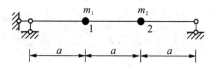

七、(16 分)已知各杆 $EI=\infty$。计算图示结构的临界荷载 P_{cr}。

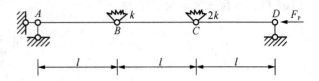

测试模拟试卷（4）

班级_____ 学号_____ 姓名_____ 评分_____

题号	一	二	三	四	五	六	七	总分
得分								

一、(20 分)填空、选择题

1. (3 分)图 1 所示结构,不计轴向变形,只考虑弯曲变形,用先处理法可得到刚架的结构刚度矩阵$[\boldsymbol{K}]=$_____。

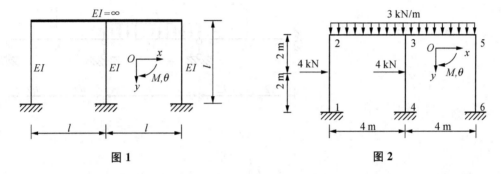

图 1   **图 2**

2. (3 分)计算图 2 所示结构结点 3 的等效结点荷载列阵$\{P_{3E}\}=$_____。

3. (3 分)如图 3 所示的排架,其重量 W 集中于横梁上,横梁 $EA=\infty$,则结构的自振周期 $T=$_____。

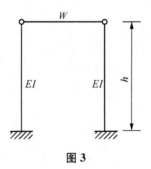

图 3

4. (3 分)如图 4 所示两种支承情况的梁,不计梁的自重,则图(a)与图(b)的自振频率之比为_____。

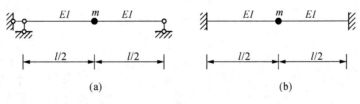

(a)   (b)

图 4

5. (2分)求临界荷载的方法有能量法和静力法两种,在原理上,其中能量法的依据是_____,静力法的依据是_____。

6. (2分)根据比例加载时的一般定理,单向破坏机构中涉及的可破坏荷载 F_P^+、可接受荷载 F_P^- 和极限荷载 F_{Pu} 之间的关系为_____。

7. (2分)计算极限荷载主要有机构法和试算法两种,其中机构法基于_____,而试算法基于_____。

8. (2分)塑性铰的性质是( )。

A. 单向铰,不能传递弯矩　　　　　　　　B. 单向铰,能够传递弯矩

C. 双向铰,能够传递弯矩　　　　　　　　D. 双向铰,不能传递弯矩

二、(10分)求图示连续梁的极限荷载 F_{Pu}。

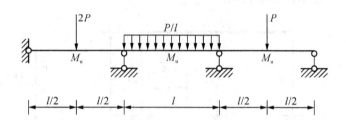

三、(10 分)用先处理法写出图示梁的结构刚度矩阵$[K]$。

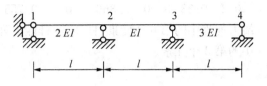

四、(15 分)图示体系 $E=2\times10^4$ kN/cm^2, $\theta=20$ s^{-1}, $P=5$ kN, $W=20$ kN, $I=4\,800$ cm^4。求质点处最大动位移和最大动弯矩。

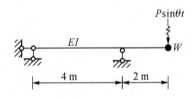

五、(15分)已知图示结构结点位移列阵为$\{\Delta\} = [0 \quad 0 \quad 0 \quad -0.2 \quad 0 \quad 0.1333 \quad -0.2$
$0.2 \quad 0.3333 \quad 0 \quad 0.3667 \quad 0 \quad -0.7556 \quad 0.2 \quad 0.66667]^T$。计算结构中杆13的杆端力列阵中的第6个元素、杆34的杆端力列阵中的第3个元素以及杆35的杆端力列阵中的第3个元素。

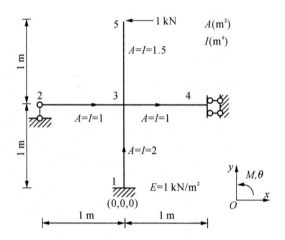

六、(15 分)已知各杆 $EI=\infty$，角弹簧刚度为 k。计算图示结构的临界荷载 P_{cr}。

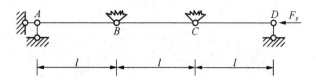

七、(15 分)求图示结构的自振频率和振型。

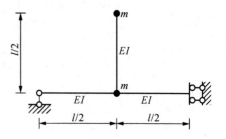

参考文献

[1] 龙驭球,包世华. 结构力学(I)[M]. 北京：高等教育出版社,2009.

[2] 李廉锟. 结构力学上册(第 5 版)[M]. 北京：高等教育出版社,2011.

[3] 单建,吕令毅. 结构力学(第 2 版)[M]. 南京：东南大学出版社,2011.

[4] 朱慈勉,张伟平. 结构力学上册(第 2 版)[M]. 北京：高等教育出版社,2010.

[5] 张来仪,景瑞. 结构力学上册[M]. 北京：中国建筑工业出版社,1997.

[6] 李家宝,洪范文. 结构力学上册(第 4 版)[M]. 北京：高等教育出版社,2008.

[7] 雷钟和,江爱川,郝静明. 结构力学释疑(第 2 版)[M]. 北京：清华大学出版社,2008.

[8] 于玲玲. 结构力学研究生考试指导[M]. 北京：中国电力出版社,2011.

[9] 赵更新. 结构力学辅导[M]. 北京：中国水利水电出版社,2001.

[10] 邓秀太. 结构力学解题及考试指南[M]. 北京：中国建材工业出版社,1995.